Seit der britische Anatom Richard Owen den Dinosauriern vor etwa 180 Jahren ihren Namen gab, sind sie Kult. Die aufregenden Fossilfunde der letzten Jahre und neue wissenschaftliche Erkenntnisse zeigen, dass wir unser Dinosaurierbild grundlegend revidieren müssen. Wie schon so oft, denn die Geschichte ihrer Entdeckung und Erforschung ist geprägt von den unterschiedlichsten Vorstellungen darüber, was ein Dinosaurier war. Unser Bild von ihnen durchlief zum Teil drastische Metamorphosen: von der kriechenden Rieseneidechse zum aufrecht stehenden Drachen, vom schwerfälligen Kaltblüter zum dynamischen und intelligenten Jäger und zuletzt von der beschuppten Echse zum gefiederten Riesenhuhn. Heute wissen wir, dass Dinosaurier keineswegs ausgestorben sind, sondern in Gestalt einer der erfolgreichsten Tiergruppen unserer Erde weiterleben: Vögel sind allesamt direkte Nachfahren der Dinosaurier.

Bernhard Kegel, geboren 1953 in Berlin, studierte Chemie und Biologie an der Freien Universität Berlin, danach Forschungstätigkeit, Arbeit als ökologischer Gutachter und Lehrbeauftragter. Seit 1993 veröffentlichte er zahlreiche Romane und Sachbücher. Bernhard Kegels Bücher wurden mit mehreren Publizistikpreisen ausgezeichnet. Der Autor lebt in Berlin.

Bernhard Kegel

Ausgestorben, um zu bleiben

Dinosaurier und
ihre Nachfahren

Von Bernhard Kegel sind bei DuMont außerdem erschienen:
Epigenetik. Wie Erfahrungen vererbt werden
Tiere in der Stadt. Eine Naturgeschichte
Die Herrscher der Welt. Wie Mikroben unser Leben bestimmen
Die Gesundmacher. Was Bakterien für unseren Körper tun und
wie wir sie dabei unterstützen können

Mai 2019
DuMont Buchverlag, Köln
Alle Rechte vorbehalten
© 2018 DuMont Buchverlag, Köln
Umschlaggestaltung: Lübbeke Naumann Thoben, Köln
Umschlagabbildung: © Gregory S. Paul
Satz: Fagott, Ffm
Gesetzt aus der Documenta und der Gotham
Druck und Verarbeitung: CPI books GmbH, Leck
Gedruckt auf säurefreiem und chlorfrei gebleichtem Papier
Printed in Germany
ISBN 978-3-8321-6495-9

www.dumont-buchverlag.de

Für Konrad, auch wenn er
kein Paläontologe werden sollte

So landeten ... die Dinosaurier, die in Die verlorene
Welt, *jenem allberühmten Film aus dem Jahre 1925,*
von der Klippe stürzten, geradewegs auf mir, genau
wie es King Kong tat, als ich zwölf war.
Ganz wundervoll plattgedrückt, atemlos vor Liebe,
taumelte ich zu meiner Spielzeugschreibmaschine
und verbrachte den Rest meines Lebens damit, an
dieser unerwiderten Liebe zu sterben.

RAY BRADBURY

Inhalt

Einleitung

Sie beherrschten die Kontinente über 170 Millionen Jahre, mehr als fünfhundertmal länger, als es Menschen gibt, und sie brachten die gewaltigsten Kreaturen hervor, die je über irdischen Boden wandelten. Ist es zu glauben, dass über diese Tiere ganze Bibliotheken für Kinder und Jugendliche existieren, aber kein einziges einigermaßen aktuelles Buch in deutscher Sprache, das sich in erster Linie an ein erwachsenes Publikum richtet? Natürlich wünschen wir uns für unsere Kleinen nur das Beste, die Echsen der Urzeit sind aber in jeder Beziehung zu groß, um sie allein den Kindern zu überlassen.

Dieser Mangel ist umso erstaunlicher, als es viel zu erzählen gibt. Das Bild, das die Wissenschaftler von den Vorzeitechsen zeichnen, hat sich stark verändert. 85 Prozent aller heute bekannten Dinosaurierarten erhielten ihre Namen nach 1990, sind also relativ junge Entdeckungen.

Der Löwe ist Löwe und ist immer Löwe geblieben, und das Gleiche gilt für Elefanten, Nashörner, Mammuts, Höhlenbären, Säbelzahnkatzen und all die anderen Großtiere, die bis in unsere Zeit überlebt oder sie nur um ein paar Tausend Jahre verfehlt haben. Für Dinosaurier gilt es nicht. Seit der britische Anatom Richard Owen ihnen Mitte des 19. Jahrhunderts den Namen »Dinosauria« gab, haben sie sich (bzw. hat sich die Vorstellung, die wir uns von ihnen machen) immer wieder gewandelt. In Abhängigkeit von neuen Fossilfunden und wissenschaftlichen Erkenntnissen durchliefen sie mehrere zum Teil drastische Metamorphosen, wurden von der kriechenden Rieseneidechse zum aufrecht stehenden Kängurudrachen, vom schwerfälligen Kaltblüter zum dynamischen und intelligenten Jäger und zuletzt – vielleicht die überraschendste aller Wendungen, die bislang erst von einer Minderheit der Menschen wahrgenommen wurde – von der beschuppten Echse zum gefiederten Riesentruthuhn. Fast hat es den Anschein, als ob jede Menschengeneration sich ihre eigenen Dinosaurier geschaffen hätte. Diesem Gestaltwandel und seinen Spiegelungen und Resonanzen im Geistes- und Kulturleben der jeweiligen Zeit spürt das Buch nach und bietet dabei auch, jenseits der Biologie, rein fiktiven Gestalten wie Drachen, Godzilla und King Kong Raum.

Tatsächlich muss es hier um beides gehen, um Naturwissenschaft und um Kultur, denn die Dinos waren nicht nur spektakuläre Lebewesen, von denen noch heute eine kaum zu überbietende Faszination ausgeht, sie waren und sind auch Teil der Populärkultur, ein Besuch in einem Spielzeugladen, einem Kino oder einer Videothek macht das überdeutlich. Von allen Tieren haben es, abgesehen vielleicht von den Mammuts, nur die Dinosaurier geschafft, in einen Status der Quasi-Unsterblichkeit einzutreten, obwohl es dafür unter den Urzeitwesen viele Kandidaten gegeben hätte, skurrile wie spektakuläre. Dinos sind Stars, Helden der Literatur und der Kinoleinwand, Fernsehberühmtheiten und Hauptdarsteller der Erdgeschichte. Und einer von ihnen ist der unbestrittene König, ein Megastar: T. rex.

Es geht aber nicht nur um ihre Kraft, um Tonnen von Muskelmasse, um Zähne wie Dolche, um keulenbewehrte Schwänze und mit Speeren gespickte Knochenkragen, um Kämpfe und Tänze, bei denen der Boden bebte. Dinosaurier sind nicht nur für Rekorde gut. Mehr als alle anderen verschwundenen Lebensformen erinnern sie uns daran, dass der Existenz selbst der gewaltigsten Wesen auf diesem Planeten zeitliche Grenzen gesetzt sind.

Dinosaurier sind Kult und waren es von dem Moment an, da ihre versteinerten Knochen zum ersten Mal einer staunenden

Öffentlichkeit präsentiert wurden. Schon immer wollten die Menschen sich ein Bild von diesen unglaublichen Kreaturen machen, und im 20. Jahrhundert erweckte der Film sie sogar zum Leben. Der Traum von Ray Bradbury, der zusammen mit seinem Freund, dem Hollywood-Trickspezialisten Ray Harryhausen, den ultimativen Monsterfilm schaffen wollte, ist längst Wirklichkeit geworden. Niemand staunt heute mehr, wenn Dinos lebensecht über die Leinwand galoppieren. Dank ausgefeilter Computeranimationen erscheinen uns Dinosaurier heute so real und präsent wie jede beliebige auf Erden lebende Tierart – mit dem Unterschied, dass viele Kinder zwar die komplizierten lateinischen Namen von mindestens einem halben Dutzend Dinos aufzählen können, aber keine einzige Vogel- oder Pflanzenart des nächstgelegenen Stadtparks.

Doch wie gut kennen wir die Riesenechsen und ihre Welt wirklich? Wie authentisch sind die Wesen, die heute durch die »Jurassic World« stapfen? Nicht nur der Konzeptkünstler Alexis Dworsky, dem wir eine wunderbare und kenntnisreiche Kulturgeschichte der Dinosaurier verdanken, warnt: »Unsere Vorstellung des Dinosauriers ist nicht nur von der Naturwissenschaft bestimmt, sondern auch von der Politik, der Wirtschaft, der Kunst und anderen Lebensbereichen. Die vermeintlich rein naturwissenschaftliche Erkenntnis ist also keineswegs frei von gesellschaftlichen Einflüssen.«

Zweifellos wissen wir heute ungleich mehr über die ausgestorbenen Reptilien als die Menschen im 19. Jahrhundert, vermutlich waren aber auch die Wissenschaftler vor 50 oder 100 Jahren überzeugt davon, »ihre« Dinosaurier zu kennen. In jedem Fall täten wir gut daran, gegenüber den computeranimierten Riesenechsen und ihrer scheinbaren Perfektion ein wenig Skepsis zu bewahren. Der Tyrannosaurus rex hat mittlerweile in vielen Filmen mitgewirkt, sah aber in jedem Streifen anders aus. Welcher ist der richtige, der wahre T. rex?

Erinnern Sie sich an die Szene mit dem Wasserglas? Bestimmt tun Sie das, denn natürlich haben Sie den Film gesehen, *Jurassic Park* war schließlich bis 1998 der erfolgreichste Blockbuster aller Zeiten (bevor James Cameron mit *Titanic* neue Maßstäbe setzte), und Sie hätten sonst nicht zu einem Buch über Dinosaurier gegriffen. Im Mittelpunkt dieser Szene stehen neben dem mit Wasser gefüllten Glas zwei Kinder, ein Junge und ein Mädchen, die es fassungslos anstarren. Der Held ist aber ein anderer. Er ist nicht zu sehen, wohl aber zu hören und zu spüren. Er erzeugt die dumpfen stampfenden Laute, die seit einer Weile zu hören sind, erst leise, dann lauter, Erschütterungen, die im Wasserglas zu konzentrisch zulaufenden Wellen führen. Die Zuschauer wissen, wer der Verursacher dieser Minibeben ist, einer, auf den alle warten, der aber bisher nur schemenhaft zu sehen war – eine Gänsehautszene, die niemand vergisst, der sie gesehen hat. Weil sie so gut funktioniert, wird sie in diesem und folgenden Filmen in verschiedenen Variationen wiederholt.

Sicher, ein Kinosessel ist nicht der Ort für nüchterne Überlegungen. Versuchen wir es trotzdem. Die Tiere sind zweifellos riesig und wiegen viele Tonnen – müssen sie deshalb mit jedem Schritt ein kleines Beben auslösen? Keineswegs. Elefanten, die größten Landtiere der heutigen Zeit und etwa in der gleichen Gewichtsklasse wie ein Durchschnitts-T.-rex, können, wenn sie wollen, sehr behutsam auftreten.

Nehmen wir einmal an, Sie und ich wären Raubtiere, egal, wie groß, und darauf angewiesen, Beute zu machen, also andere Tiere zu überfallen und zu töten, Tiere, die sich diesem Schicksal in der Regel nicht freiwillig ergeben – würden wir dann bei jedem Schritt derart auf den Boden stampfen, dass man unsere Anwesenheit schon in etlichen Hundert Metern Entfernung spüren könnte, auch ohne Wasserglas? Potenzielle Beutetiere verfügen meist über scharfe Sinne. Rechtzeitige Flucht ist ihre wirksamste Überlebensstrategie. Ich fürchte daher, ein solches Raubtrampeltier hätte beim

Beuteerwerb große Schwierigkeiten, im Erdmittelalter genauso wie heute. Oder es müsste von Aas leben, von fleischlicher Nahrung, die nicht mehr weglaufen kann. Dem T. rex, Verursacher der berühmten Turbulenzen im Wasserglas, wurde genau das wiederholt nachgesagt.

Betrachten wir noch eine Eigenschaft, die offenbar typisch für die Riesenechsen ist, denn sie darf in keiner anständigen Dinofilmszene fehlen. Dinosaurier – vor allem ihre fleischfressende Variante, die uns, wenn wir ehrlich sind, am meisten interessiert – können wahnsinnig toll brüllen. Um dem Hauptdarsteller von *Jurassic Park* eine unverwechselbare Stimme zu geben, haben die Sounddesigner ganze Arbeit geleistet und Lautäußerungen von Krokodilen, Löwen und anderen zusammengemischt. Wir erleben es immer wieder: Kaum ist der Tyrannosaurus oder irgendein anderer Raubdinosaurier erdbebengleich ins Kamerabild getrampelt, fixiert er uns Zuschauer und brüllt, dass einem die Ohren klingen. Alle, vor und auf der Leinwand, sind starr vor Schreck und machen sich auf das Schlimmste gefasst.

Nun, Sie ahnen es schon, auch dieses den Dinosauriern von einfallsreichen Filmregisseuren angedichtete Verhalten ist Unsinn. Denn welches Raubtier verhält sich so? Träfe ein Saurier auf einen Rivalen, würde das Gebrüll vielleicht Sinn ergeben, aber sonst... In weitem Umkreis würden Beutetiere vertrieben und verschreckt werden. Alle wären gewarnt und würden das Weite suchen oder sich verstecken. Raubsaurier, die sich derart geräuschvoll verhielten, wären zum Verhungern verurteilt.

Das sind zwei Beispiele, die zeigen, wie sehr unsere Vorstellung von Hollywood geprägt wurde und nicht von seriöser Wissenschaft. Filmregisseure, die in ihren Werken Dinosaurier auftreten lassen, wollen in der Regel keine Tiere zeigen, sondern Monster und Bestien, für die ein Mensch nur ein kleiner Snack zwischendurch wäre. Um des Effektes willen scheuen sie sich nicht, Arten in einer Art virtuellem Gladiatorengemetzel aufeinandertreffen zu lassen, die in Wirklichkeit durch Jahrmillionen oder riesige Ozeane voneinander getrennt waren. Es herrschen die Gesetze des Kinos, nicht der Biologie. Den Filmproduzenten geht es um Show, nicht um Wahrheit, was, damit kein Missverständnis entsteht, ihr gutes Recht ist.

Auch den Weißen Haien ist es so ergangen (interessanterweise war mit Steven Spielberg in beiden Fällen der gleiche Regisseur verantwortlich), und anders als bei den Dinosauriern, denen eine verzerrte Darstellung nicht mehr schaden kann, hatte das Auftreten des Weißen Hais als Filmbösewicht verheerende Folgen für das Image dieser Tiere, möglicherweise sogar für ihr Überleben. Peter Benchley, der die literarische Vorlage für *Der weiße Hai* (Originaltitel *Jaws*) lieferte, war später entsetzt darüber, welches Bild damit in die Köpfe der Menschen gepflanzt wurde, und er versuchte das, was sein Buch und vor allem der Film angerichtet hatten, durch weitere Bücher, durch Vorträge und Fernsehfilme zu korrigieren – mit nur mäßigem Erfolg. Der Ruf des Weißen Hais war nachhaltig ruiniert. Würden wir die Dinos genauso lieben, wenn sie heute leben und gelegentlich einen Menschen verspeisen würden?

Wer als Tier und zu Lebzeiten seiner Spezies zum Teil der Popkultur wird, muss mit dramatischen Konsequenzen rechnen. Die *Ninja-Turtles*-Filme führten zu einer enormen Nachfrage nach kleinen paddelfüßigen Wasserschildkröten, die ihren jungen Besitzern bald langweilig wurden und nicht selten in freier Natur landeten, mit dem Ergebnis, dass amerikanische Rotwangenschmuckschildkröten und ihre bissige Verwandtschaft heute in großer Zahl europäische Gewässer bevölkern, um dort zu einem ökologischen Problem zu werden und sorglos badenden Kindern gelegentlich in Hände oder Füße zu beißen. Noch schlimmer ist es den Artgenossen des niedlichen Clownfischs ergangen, dem kleinen bunten Helden des Oskar-prämierten *Findet Nemo*. Man fing sie weg und entvölkerte die Korallenriffe, obwohl vielen Filmzuschauern nicht einmal klar war, dass man ein Meerwasseraquarium braucht, um sie zu halten.

Die Dinosaurier dagegen profitierten von ihren Leinwandauftritten und erlangten eine ungeahnte Popularität. Nie zuvor hat man sie uns so glaubwürdig und lebendig zeigen können wie heute. Trotzdem ist Vorsicht geboten. Einerseits sollen die dargestellten Riesenreptilien dem Stand der Forschung entsprechen, vor allem – das sollten Dinofans nie vergessen – müssen sie aber dramaturgischen und kommerziellen Überlegungen folgen, und da macht es sich eben viel besser, wenn Tiere von solch gewaltiger Größe die Welt bei jedem Auftritt seismisch und akustisch zum Erzittern bringen.

Wie waren sie wirklich, unsere geliebten toten Riesen? Was wissen wir über sie und was nicht? Wie hat sich unser Bild der Riesenechsen gewandelt und warum? Was ist aus ihnen geworden? »Dinosaurier« und »Aussterben« – das ist ein Wortpaar, das immer zusammengedacht wird, auch wenn wir heute wissen, dass es nicht für alle Dinos zutrifft. Ein Teil, hervorgegangen aus einer Gruppe relativ kleiner Raubdinosaurier, lebt heute mitten unter uns und bildet mit zehntausend Arten eine der buntesten, vielgestaltigsten und lautstärksten Tiergruppen des Planeten. »Vögel *sind* Dinosaurier – nicht nur Verwandte oder Abkömmlinge«, betonen die Paläontologen Darren Naish und Paul Barrett. Und ihr New Yorker Kollege Mark Norell präzisiert: »Weil Vögel von Dinosauriern abstammen, sind sie Dinosaurier, genauso wie wir Menschen Säugetiere sind.« Wahrscheinlich brauchen wir einen neuen Blockbuster aus Hollywood, der diese Erkenntnis in spektakuläre Bilder und eine spannende Handlung umsetzt, um sie endlich zu glauben.

Als Anchorman für diese und viele andere Fragen soll uns das Monster schlechthin dienen, der berühmteste aller Dinosaurier, der Tyrannosaurus rex. Seit ein Prachtexemplar der Königsechse im Berliner Museum für Naturkunde Hof hält, haben sich die Besucherzahlen dort verdoppelt. Die Faszination der Dinos ist ungebrochen und der T. rex ist ihr King, auch wenn ihm sein Name in der Rückschau vielleicht etwas voreilig verliehen wurde. Mittlerweile kennen die Paläontologen andere Echsen, die ihm mindestens ebenbürtig waren.

Tristan Otto, so der profane Name des Berliner Exemplars, ist eines der vollständigsten Skelette, die je gefunden wurden, und (fast) das einzige in ganz Europa. Besonders der Schädel ist nahezu komplett. Was kann uns ein solches Fundstück heute erzählen? Wie entlocken die Wissenschaftler Tristan Otto die Antworten auf ihre Fragen? Und – Gott bewahre – trug etwa auch T. rex Federn? Krähte er, statt zu brüllen?

1 England – Wie alles begann

Joe legte einen Finger auf eine größere Wölbung direkt oberhalb
des Kieferscharniers. Sie schien kreisrund zu sein, auch wenn ein
Teil von ihr unterm Fels lag, und sah aus wie ein Brötchen auf ei-
nem Unterteller. Die runde Form erinnerte an einen Ammo, doch
es gab keine durch Rippen unterteilte Spirale, es konnte eher ein
Ring von Knochenplatten um eine große leere Augenhöhle sein.
Ich starrte auf diese Augenhöhle und hatte das Gefühl, dass sie
zurückstarrte.
»Meinst du, das ist das Auge?«, fragte ich.
»Ich glaub schon.«
Ich erschauderte.

TRACY CHEVALIER

Ob es sich genau so zugetragen hat, wie die US-amerikanische
Romanschriftstellerin Tracy Chevalier es beschreibt, wissen wir
nicht. Es könnte aber so gewesen sein. Der Beginn der historisch
verbürgten dramatischen Geschichte, die von Menschen und urzeitlichen Riesenechsen handelt, spielte jedenfalls nicht an einem
weit entfernten exotischen Ort, sondern in Europa, im England
des frühen 19. Jahrhunderts, und die Hauptperson war ein zwölf-
jähriges Mädchen namens Mary Anning, die herbeigerufene Ich-
Erzählerin in dem zitierten Romanausschnitt. Sie und der Finder,
ihr Bruder Joe, knieten in diesem erregenden Moment des Jahres
1811 neben einem noch zur Hälfte im Gestein steckenden riesigen
Schädel.

Was war das für eine gewaltige Kreatur? 120 Zentimeter maß

allein ihr Kopf. Ein Krokodil? Hatte sich auch der Rest des Skeletts erhalten? Wenn ja, dann lag es neben den beiden Kindern im blau-grauen Lias-Gestein verborgen, und bald darauf begruben es Tonnen von Schlamm und Geröll, denn nach der Bergung des Schädels ging ein Erdrutsch ab und verschüttete die Fundstelle. Wenn es hier noch mehr gab, war es wohl für immer unerreichbar.

Natürlich muss diesem historischen Moment ein langer Prolog vorausgegangen sein, eine Vorgeschichte, deren Anfänge sich im Nebel der Urzeit verlieren. Denn die zu Stein gewordenen Zeugnisse vergangener Erdzeitalter existierten ja auch schon in den Jahrhunderten und Jahrtausenden, bevor Joe und Mary Anning mit ihrem Fund das Tor zu einer bislang unbekannten Welt öffneten. Die Erosion, die die im Fels eingeschlossenen Fossilien freilegte, wirkte schon immer, und sicher gab es auch Menschen, die sie fanden – nur machten die sich, wenn überhaupt, einen ganz anderen Reim darauf. In der mongolischen Wüste Gobi fanden Archäologen flache, von Menschen der Altsteinzeit bearbeitete Steine, die wie Scherben aussahen. Wahrscheinlich hatten die Finder Gefallen daran gefunden, sie durchbohrt und als Halsschmuck getragen, aber machten sie sich Gedanken über deren Herkunft? Es handelte sich um Bruchstücke von Dinosauriereischalen.

In Laos glaubten die Einheimischen, die gelegentlich in der Gegend auftauchenden Schwanzwirbel von Dinosauriern stammten von Wasserbüffeln, ein schönes Beispiel dafür, wie Fundstücke dieser Art jeweils vor dem Hintergrund der vorhandenen Naturkenntnisse interpretiert werden. Wasserbüffel waren die größten Säugetiere, die diese Menschen kannten, also konnten die großen Knochen nur von einem gewaltigen mythischen Ochsen stammen. Als der französische Paläontologe Philippe Taquet vom Pariser Muséum national d'histoire naturelle in den 1940er-Jahren in Laos nach diesen Knochen zu graben begann, sandte der Himmel Blitz und Donner und kündigte ein schweres Gewitter an, in den Augen der Einheimischen eine unmissverständliche Warnung. Taquet musste ein vom lokalen Priester gekauftes Schwein opfern, bevor man ihn weiter graben ließ.

In China galten große fossile Knochen als Überreste von Drachen, die in der chinesischen Sagenwelt schon seit vorgeschichtlicher Zeit eine wichtige Rolle spielen. Lieferten die Fossilien den Faden, aus dem die Fantasie der Menschen den Stoff der Drachenlegenden webte? Es klingt plausibel, aber beweisen lässt sich diese Aussage nicht. Sind die vielen verschiedenen chinesischen Drachentypen mit ihren europäischen Pendants vergleichbar? Und ist das Wort »Drache« überhaupt eine adäquate Übersetzung? Als Vorbilder des bekanntesten und mächtigsten Drachen Long gelten die in China lebenden Krokodile, keine Dinosaurier.

Der Existenz der Riesenknochen war man sich jedoch sehr wohl bewusst. In manchen Gegenden Chinas wurden sie zermahlen und als Heilmittel verwendet. Einen nordchinesischen Kanal taufte man im zweiten vorchristlichen Jahrhundert auf den Namen »Drachenkopf-Wasserweg«, nachdem bei den Bauarbeiten spektakuläre Versteinerungen aufgetaucht waren.

Große fossile Knochen wurden auch in vielen europäischen Ländern gefunden und häufig in Tempeln und Kirchen aufbewahrt. Und wie andernorts auch sah man in ihnen die Überreste von Riesen oder mythischen Wesen, die unter verschiedenen Namen durch die Sagenwelten der Völker geisterten. Doch ob in China oder anderswo, die wenigsten dieser Knochen stammten von Dinosauriern. Auch viele ausgestorbene Säugetiere, etwa die Vorfahren der heutigen Elefanten, erreichten imposante Größen.

Das Hauptportal des Wiener Stephansdoms trägt noch heute den Namen »Riesentor«, wahrscheinlich weil darüber für lange Zeit ein Oberschenkelknochen von enormer Größe eingefügt war. Man hatte ihn 1443 bei Arbeiten am Fundament ausgegraben, und er stammte, wie wir heute wissen, genauso von einem Mammut wie das schon knapp 300 Jahre früher im englischen Essex aufgetauchte Exemplar, das einen Zisterzienserabt namens Radulph von Coggeshall in Erstaunen versetzt hatte. Der Knochen müsse einmal einem Mann gehört haben, der 50 Fuß groß gewesen sei, schätzte der Chronist. In der Tat, mehr als 15 Meter – das wäre sogar für Riesen eine überaus stattliche Größe.

In Nordamerika waren Bisons die größten Landtiere. Für die Peigan-Indianer im kanadischen Alberta und andere Stämme konnten große versteinerte Knochen deshalb nur vom »Großvater der Büffel« stammen. Vielen Indianern waren auch die Fußspuren von Dinosauriern aufgefallen. Sowohl in Brasilien als auch in Nordamerika wurden einige der Abdrücke mit Piktogrammen markiert, deren Alter nicht mehr zu ermitteln ist und deren Bedeutung heute niemand versteht. Die charakteristischen dreizehigen Abdrücke großer Fleischfresser finden sich als Verzierungen auf Kostümen der Hopi, gefertigt in einer Gegend, die für ihre Dinosaurierspuren bekannt ist. Derart verkleidet und mit einem Büffelkopf versehen, stellen die Tänzer den Geist Kachina dar, der für Regen sorgt. Auch die in Arizona lebenden Navajos kannten versteinerte Fußabdrücke, die sie »Vogelspuren« oder sogar »große Eidechsenspuren« nannten.

Als 1802 ein Farmerjunge namens Pliny Moody in Connecticut auf Dreizehenabdrücke stieß, hielt er den Verursacher für einen Vogel, und die Menschen der Gegend erzählten sich, dass es die Spur des Raben sei, der von Noah ausgesandt worden und nie zur Arche zurückgekehrt sei. Ein gewisser Reverend Edward Hitchcock kaufte die Abdrücke ein paar Jahre später und stellte sie zusammen mit vielen anderen, die er zusammengetragen hatte, in einem eigens im Ort Amherst in Massachusetts errichteten Museum aus. Auch Hitchcock glaubte, Vogelspuren gesammelt zu haben, hinterlassen von Riesenvögeln, die während der Sintflut ausgestorben seien. Was sonst konnte solche Abdrücke hinterlassen? Wahrscheinlich hatte der Reverend von den Entdeckungen im fernen Neuseeland gehört, wo noch vor vergleichsweise kurzer Zeit bis zu drei Meter große Laufvögel gelebt hatten, die Moas.

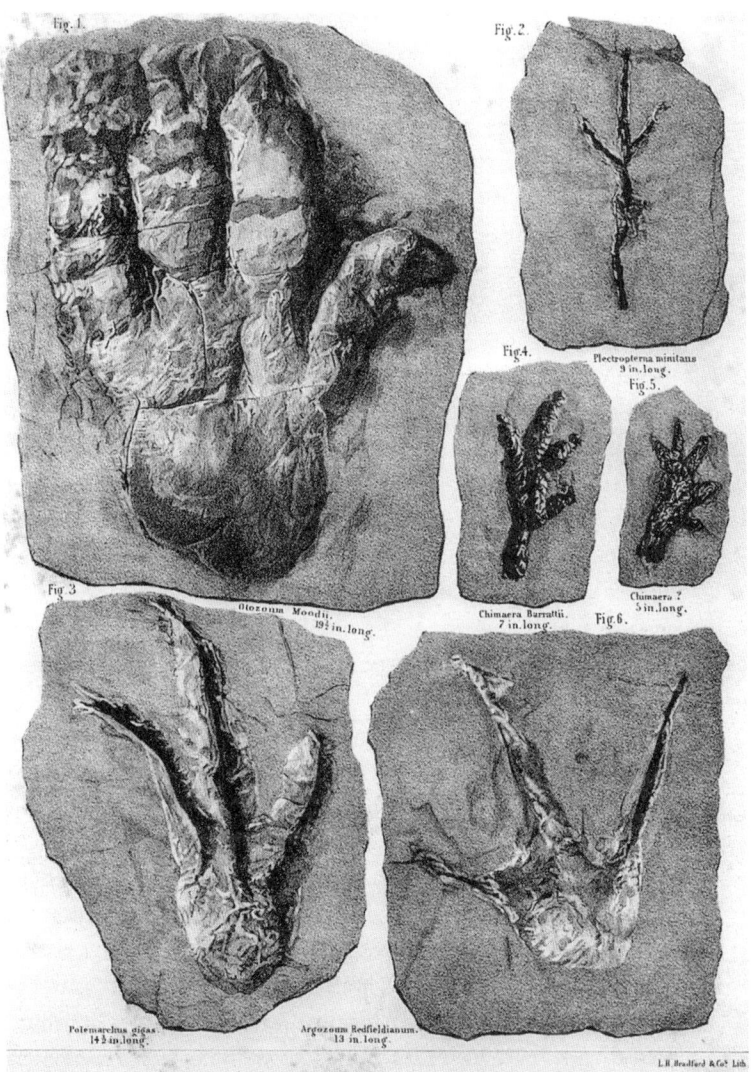

Fig. 1.

Fig. 2.

Fig. 4.

Plectropterna minitans
9 in. long.

Fig. 5.

Fig. 3.

Otozoum Moodii.
19¾ in. long.

Chimaera Burrattii.
7 in. long.

Chimaera ?
5 in. long.

Fig. 6.

Polemarchus gigas.
14½ in. long.

Argozoum Redfieldianum.
13 in. long.

L. H. Bradford & Co⁗ Lith

Einige der Fußabdrücke, die Reverend Edward Hitchcock gesammelt hatte und im Amherst College in einem eigenen Museum der Öffentlichkeit zeigte. Für ihn waren es Spuren ausgestorbener Riesenvögel, Opfer der Sintflut.

Wie sollten die Menschen mit diesen rätselhaften Funden anders umgehen, als sie in ihr jeweiliges Weltbild zu integrieren? Die Tatsache, dass die Erde einst von fremdartigen und riesenhaften Tieren bewohnt gewesen sein könnte, die anders als alles waren, was heute noch auf der Erde lebt, lag weit außerhalb ihrer Vorstellungskraft. Das galt auch noch für die Menschen im Europa des frühen 19. Jahrhunderts. Was Mary Anning und ihr Bruder in den Klippen von Lyme Regis gefunden hatten, konnte aufgrund der langen Schnauze eigentlich nur zu einem Krokodil gehören, was rätselhaft genug war, denn schließlich hatte es in England seit Menschengedenken keine Krokodile gegeben.

Eigentlich war die Sache klar. Die biblische Schöpfungsgeschichte berichtete ja, wie Gott die Erde und ihre Bewohner erschaffen hatte, und dank des Iren James Ussher, Erzbischof von Armagh und Autor der *Annales veteris testamenti* (1650), einer gelehrten Abhandlung, deren Berechnungen die Lebensspannen der Nachkommen Adams und andere biblische Schilderungen zugrunde lagen, wussten die Menschen seit fast 200 Jahren sehr genau, wann und wie das alles geschehen war. Begonnen hatte es in der Nacht auf Sonntag, den 23. Oktober 4004 vor Christi Geburt. Die Welt war also nicht ganz 6000 Jahre alt.

Der französische Naturforscher Georges-Louis Leclerc, Comte de Buffon, ermittelte im 18. Jahrhundert ein weitaus höheres Alter. Seiner Meinung nach war die Erde fast 100 000 Jahre alt, genau 96 670 Jahre und 132 Tage. Ermittelt hatte er diesen Wert, indem er Metallkugeln erhitzte und maß, wie lange es dauerte, bis sie abgekühlt waren und einen »wirtlichen Wärmestande« erreichten. Das Ergebnis rechnete er dann auf die Masse der Erde hoch. Es war dies die erste bekannte Altersbestimmung der Erde, die sich nicht auf die Bibel stützte. Für irgendwelche riesigen Tiere, von denen nur noch steinerne Zeugnisse existierten, war aber auch in Buffons Kalender schlicht kein Platz.

Nein, alles war noch genau so, wie Gott es erschaffen hatte. Außerdem – wenn Versteinerungen einst tatsächlich lebende Körper gewesen waren, wie konnten diese Überreste dann mitten in das Gestein gelangen? Hatte Gott sie etwa dort deponiert, um die Glaubensfestigkeit der Menschen auf die Probe zu stellen? Oder hatte Robert Plot recht, Kurator des Ashmolean Museum in Oxford? Der vermutete im späten 17. Jahrhundert, diese Gesteine in Tierform hätten sich aufgrund außergewöhnlicher der Erde innewohnender Kräfte gebildet. Sie dienten dazu, sogar die geheimsten Orte des Planeten zu verzieren, so wie Blumen seine Oberfläche schmückten. Waren diese Gebilde vielleicht von Anfang an im Stein gewachsen? Die Lebenskeime, die Aristoteles postuliert hatte, konnten sich überall entwickeln.

Dass diese Fossilien existierten, daran konnte jedenfalls kein Zweifel bestehen. Immer mehr wurden gefunden, und die Ähnlichkeiten und Bezüge vieler dieser Versteinerungen zu heute lebenden Tiergruppen ließen sich einfach nicht mehr von der Hand weisen. Also gab es nur eine mögliche Erklärung: Ein zorniger Gott hatte mit der Sintflut für eine dramatische Zäsur gesorgt und all die Lebensformen von der Erde getilgt, die vor seinen kritischen Augen nicht mehr bestehen konnten. Schon das war schwer genug zu verstehen, denn es würde ja bedeuten, dass Gott Lebewesen erschaffen hatte, nur um sie dann mit Stumpf und Stiel wieder auszurotten. Warum? Etwa weil sie misslungen waren – ihm, dem Allmächtigen?

Es dauerte nur wenige Jahrzehnte, bis dieses statische Weltbild in sich zusammenfiel, natürlich gegen den erbitterten Widerstand der Kirchen. Wie sollte man die Tatsache erklären, dass sich marine Ablagerungen mit Muschelschalen und Fischskeletten unter Felsschichten mit Landpflanzen und -tieren und diese wiederum unter einer weiteren Schicht mit Meereslebewesen befanden, ohne dabei dramatischste Umwälzungen und Veränderungen der Erdoberfläche in Erwägung zu ziehen, ein periodisches Kommen und Gehen des Wassers, mit anderen Worten: ein kaum für möglich gehaltenes Drunter und Drüber in Gottes schöner Schöpfung? Der beginnenden Wissenschaft der Geologie eröffnete sich Schicht um Schicht ein neues, anderes Bild der Welt, und die Forscher zogen sich schließlich aus der Affäre, indem sie erklärten, dass mit den Tagen der Schöpfungsgeschichte in Wirklichkeit wesentlich längere Perioden gemeint seien, Zeiträume, in denen Landschaften entstehen und wieder vergehen könnten mitsamt ihrer Tier- und Pflanzenwelt.

Mary Anning, eine der beiden weiblichen Hauptpersonen in Tracy Chevaliers 2009 erschienenem historischen Roman *Remarkable Creatures,* lebte mit ihrer Familie im südenglischen Lyme Regis. Der Küstenstreifen, an dem diese Kleinstadt liegt, wird heute wegen seines Fossilienreichtums »Jurassic Coast« genannt und gehört seit 2001 zum UNESCO-Weltnaturerbe. Zu Marys Zeiten kannte man diesen Namen noch nicht, die Fossilien selbst aber sehr wohl: Donnerkeile, Muscheln, Knochen und Zähne, besonders die Ammoniten, »Cornemonius« oder »Schlangensteine« genannt. Diese und andere Kuriositäten waren schon seit ihrer Kindheit Marys große Leidenschaft gewesen. Sie hatte ihren Vater Richard oft auf seinen Expeditionen an den Strand und die nahe gelegenen Klippen begleitet. Mit dem Sammeln und Verkauf von Fossilien besserte er sein geringes Einkommen als Tischler auf. Für Mary wurde daraus eine lebenslange Obsession.

Richard Anning und seine Frau Molly hatten zusammen insgesamt zehn Kinder, doch nur die 1799 geborene Mary und ihr Bruder Joe erreichten das Erwachsenenalter. Die Familie lebte in ärmlichen Verhältnissen, kannte Hunger, Krankheit und Tod. Trotz dieser Widrigkeiten wuchs Mary zu einer der bemerkenswertesten Fossiliensammlerinnen aller Zeiten heran. Mehr als 150 Jahre nach ihrem Tod nahm die berühmte Royal Society sie sogar in die Liste der zehn britischen Frauen auf, die den größten Einfluss auf die Geschichte der Wissenschaft hatten.

Als der Vater eines Nachts auf dem Heimweg von einer Klippe stürzte und in der Folge an Tuberkulose erkrankte und verstarb, war es vor allem Mary, die die Familie mit ihrem unfehlbaren Riecher für Fossilien über Wasser hielt. Was sie fand, wurde vor dem Haus an Reisende verkauft. Später, als sie sich auch an größere Stücke wagte und lernte, sie fachkundig zu präparieren, verwandelte sich die Werkstatt in einen Knochenkeller. Aber bis es so weit war, und immer wenn Mary das »Jagdglück« verließ, ging es der Familie schlecht. Der Vater hatte 120 Pfund Schulden hinterlassen, damals eine erhebliche Summe. Molly Anning und ihren beiden Kindern drohte die Unterbringung in einem Armenhaus. Glücklicherweise kümmerte sich die Kirchengemeinde um sie.

Dann, ein Jahr nach dem Tod des Vaters, fand ihr Bruder den Schädel mit den großen Augenhöhlen, und Mary wurde den Gedanken nicht los, dass an dieser Stelle noch mehr zu finden sein könnte, trotz Erdrutsch. Sie kehrte deshalb immer wieder an diesen Ort zurück, um nachzusehen, ob das Meer den Schlamm endlich von der Fundstelle gespült und weitere Teile des Skeletts zutage befördert hatte. Wenn sie den richtigen Moment verpasste, konnte alles verloren sein.

Es dauerte annähernd ein Jahr, bis das Wasser die alte Fundstelle freigelegt hatte und Mary endlich zu graben begann. Und tatsächlich, in 60 Zentimeter Tiefe entdeckte sie einige Wirbelknochen, fast acht Zentimeter breit, eine Kette, die immer länger wurde. Sie rief einige Männer aus dem Ort herbei, und zusammen gelang es ihnen, das gesamte Rückgrat freizulegen, zum Teil mit den dazugehörigen Rippenknochen. Es war atemberaubend. Über die Jahre waren immer mal wieder einzelne Knochen, Wirbel, die sogenannten *Verteberries*, oder Zähne eines unbekannten Tieres aufgetaucht, aber noch nie hatte jemand ein vollständiges Skelett geborgen. Jetzt konnte Mary endlich sehen, womit sie es hier zu tun hatten. Es übertraf alle Erwartungen: ein Ungeheuer, über fünf

Meter lang. Es hatte die Gestalt eines Fisches und die Zähne eines Krokodils.

Der örtliche Gutsherr, der über Geld, aber nur wenig Sachverstand verfügte, kaufte den Annings das Skelett ab, um damit in seinen Kreisen eine Weile anzugeben und es dann mit Gewinn an William Bullock weiterzuverkaufen. Dieser stellte es in London, in seinem Museum am Piccadilly Circus, aus. Fast zehn Jahre lang konnten es die Menschen dort bewundern, ohne dass irgendjemand eine akzeptable Erklärung für dieses seltsame Wesen liefern konnte.

Es war sicher kein Krokodil, jedenfalls keines der Arten, die heute noch leben. Seine Schnauze lief vorn spitz zu wie ein Schnabel, und es hatte viel mehr Zähne im Maul als die heutigen Echsen. Sir Everard Home, königlicher Leibarzt und führender Anatom des Landes, war hin- und hergerissen. Aufgrund der nachwachsenden Zähne, einem typischen Echsenmerkmal, identifizierte er Marys Fundstück zunächst korrekt als Reptil, bezeichnete es in späteren Arbeiten dann aber als riesigen Wasservogel, weil er Details des Zahnaufbaus falsch interpretierte. Die seltsamen paddelförmigen Extremitäten brachten ihn schließlich dazu, erneut seine Meinung zu ändern und das mysteriöse Geschöpf nun den Fischen zuzuordnen. Sicher war er sich allerdings nicht. »Ich betrachte es keineswegs völlig als Fisch«, schrieb er.

Erst Reptil, dann Vogel, dann Fisch – Sir Everards Unentschiedenheit sorgte dafür, dass er in Fachkreisen bald von niemandem mehr ernst genommen wurde. Seine Beiträge erregten den Unmut der damals größten lebenden Kapazität auf diesem Gebiet, des Franzosen Georges de Cuvier, aus dessen berühmtem Pariser Museum genervte Kommentare zu hören waren. Ein Mitarbeiter des großen Forschers bezeichnete Sir Everards Artikel als »lächerlich«, »abstrus, unverständlich und größtenteils uninteressant«. Mit diesem Unsinn »verstopfe« er die *Philosophical Transactions*, eine der ältesten und renommiertesten wissenschaftlichen Zeitschriften der Welt, und nehme anderen, wertvolleren Arbeiten den Platz weg.

Schließlich wurde Marys Skelett von Charles Konig für das British Museum erworben. Der Kustos für Geologie und Mineralogie, der eigentlich Karl Dietrich Eberhard König hieß und in Braunschweig geboren worden war, gab dem steinernen Rätsel, halb Fisch, halb Reptil, endlich auch einen Namen, wobei er Sir Everard zuvorkam. Dieser hatte »Proteosaurus« vorgeschlagen. Konigs Name ist bis heute gültig: »Ichthyosaurus«, griechisch für »Fischechse«.

Von den 23 Pfund, die der Gutsherr für das Skelett bezahlt hatte, konnte die Familie Anning ein halbes Jahr lang leben, dann wurde das Geld wieder knapp. Fieberhaft suchte Mary nach weiteren Skeletten, ging bei jedem Wetter hinaus ans Meer, um ihr Glück zu versuchen, setzte sich dabei großen Gefahren aus, entkam nur knapp einem Erdrutsch … und wurde irgendwann tatsächlich wieder fündig. So zitterten sich Mary Anning und ihre Familie von Fundstück zu Fundstück.

1821, zehn Jahre nach der Bergung des Schädels, präsentierten Reverend Conybeare und Henry de la Bèche, zwei Geologen der 1807 gegründeten Geological Society of London, einen Bericht, der Marys Ichthyosaurier erstmals in allen Einzelheiten beschrieb und das Tier zweifelsfrei als Reptil identifizierte. Diese vom Antlitz der Erde verschwundene Riesenechse war zwar kein Krokodil, mit diesem aber näher verwandt als mit irgendwelchen anderen heute lebenden Tieren.

Gab es, wo ein unbekannter Saurier aufgetaucht war, vielleicht noch mehr? Manche der Knochen, die Mary und andere im Laufe der Jahre gesammelt hatten, passten nicht zum Ichthyosaurier. Conybeare und de la Bèche glaubten daher, es müsse in diesem Urmeer vor der Küste Südenglands noch eine zweite Echsenart gegeben haben, und natürlich war es wieder die unermüdliche Mary Anning, die sie fand. Von den erregten Debatten der gelehrten

Herren hatte sie kaum etwas mitbekommen, von einigen seltenen Besuchern abgesehen, die sich nach ihrer Sammlung erkundigten und die Fundstellen sehen wollten. Sie schrieb die wissenschaftlichen Artikel, die über ihr Skelett veröffentlicht wurden, ab und versuchte zu verstehen, worum es darin ging. Die Welt der Wissenschaft blieb ihr aber verschlossen. In der Ichthyosaurus-Abhandlung wurde ihr Name nicht einmal erwähnt.

Am 10. Dezember 1823 war es dann so weit, ein überaus seltsames Geschöpf mit extrem langem Hals und vergleichsweise winzigem Kopf kam zum Vorschein, eine Mischung aus Schlange und Schildkröte. In eisiger Dezemberkälte legten Mary und ihre Helfer eine Kette von 90 Wirbeln frei. Das Tier maß drei Meter. Heute wissen wir, dass Plesiosaurier, so der Name, den Reverend Conybeare dem neuen Echsenwesen gab, bis zu 15 Meter lang und möglicherweise sogar noch größer werden konnten.

Die allgemeine Euphorie um diese Entdeckung bekam einen Dämpfer, als Baron de Cuvier das Fundstück als Fälschung bezeichnete. Zwar kannte der Franzose nur Zeichnungen des Objekts, aber 35 Halswirbel, das war unmöglich. Wozu sollte ein derart lächerlich langer Hals gut sein? Große Säugetiere besaßen sieben, Reptilien maximal acht, sogar langhalsige Vögel brachten es nur auf 23 Wirbelknochen. Annings Skelett war nahe der Halsbasis gebrochen. Hatte sie etwa Kopf und Hals einer Seeschlange mit einem anderen Tierkörper kombiniert? Gefälschte Fossilien tauchten immer wieder auf. Vorsicht war geboten.

Schlimmer hätte es kaum kommen können, der Daumen des berühmtesten Anatomen der Welt zeigte nach unten. Marys Ruf wäre für immer ruiniert, wenn sich dieser Vorwurf herumspräche, und wovon sollten sie und ihre Mutter dann leben? Eine existenzbedrohende Katastrophe.

Erst als Charles Konig vom British Museum das Fossil untersuchte, beruhigten sich die Gemüter wieder. Auch ein Baron de Cuvier konnte sich irren, zumal bei einer solchen Ferndiagnose.

Konig bestätigte, dass es sich »wirklich um ein außerordentlich seltsames Objekt« handele, es sei aber »zweifellos vollkommen echt«.

Das eingegipste und in einem hölzernen Kasten eingeschlossene Fossil wurde per Schiff nach London transportiert, damit Conybeare, der es eingehend untersucht hatte, seinen Vortrag vor den Mitgliedern und Gästen der Geological Society im Angesicht des sensationellen Fundes halten konnte.

Dann begannen die Probleme. Erst verzögerte sich die Ankunft des Schiffes, sodass die ganze Versammlung auf den 20. Februar 1824 verschoben werden musste. Dann traf das Fossil ein, es erwies sich aber als unmöglich, das sperrige Ding in den Versammlungsraum im ersten Stock zu tragen. Es musste demnach unten im Foyer bleiben und dort die Zuhörer empfangen. Der Andrang war groß. Als Conybeare seine Präsentation beendet hatte, war Mary Anning restlos rehabilitiert. Ihr Plesiosaurus war echt und wurde als ein weiteres Zeugnis einer rätselhaften fernen Vergangenheit akzeptiert. Der Ichthyosaurus hatte Gesellschaft bekommen.

Eigentlich ist es kaum zu glauben, dass Mary Anning in den kommenden Jahren neben weiteren Ichthyo- und Plesiosauriern auch noch den ersten Flugsaurier auf britischem Boden entdeckte, gerade rechtzeitig, um die wieder fast leere Familienkasse aufzufüllen. Sie hatte damit Repräsentanten dreier wichtiger Sauriergruppen entdeckt (die von Laien fälschlicherweise mit T. rex und Co. in einen Topf geworfen werden) – eine unglaubliche Ausbeute ihrer lebenslangen Sammeltätigkeit. Niemand hat mehr dazu beigetragen, dass Wissenschaft und Öffentlichkeit sich der Existenz riesiger, heute ausgestorbener Echsen bewusst wurden, als die Tischlerstochter Mary Anning.

Eines konnte sie jedoch nie finden: Dinosaurier. Marys Sammelgebiet war die Küste von Dorset, und sie fand die Überreste von Kreaturen, die hier in einem Urmeer gelebt hatten. Dinosaurier aber waren Landtiere.

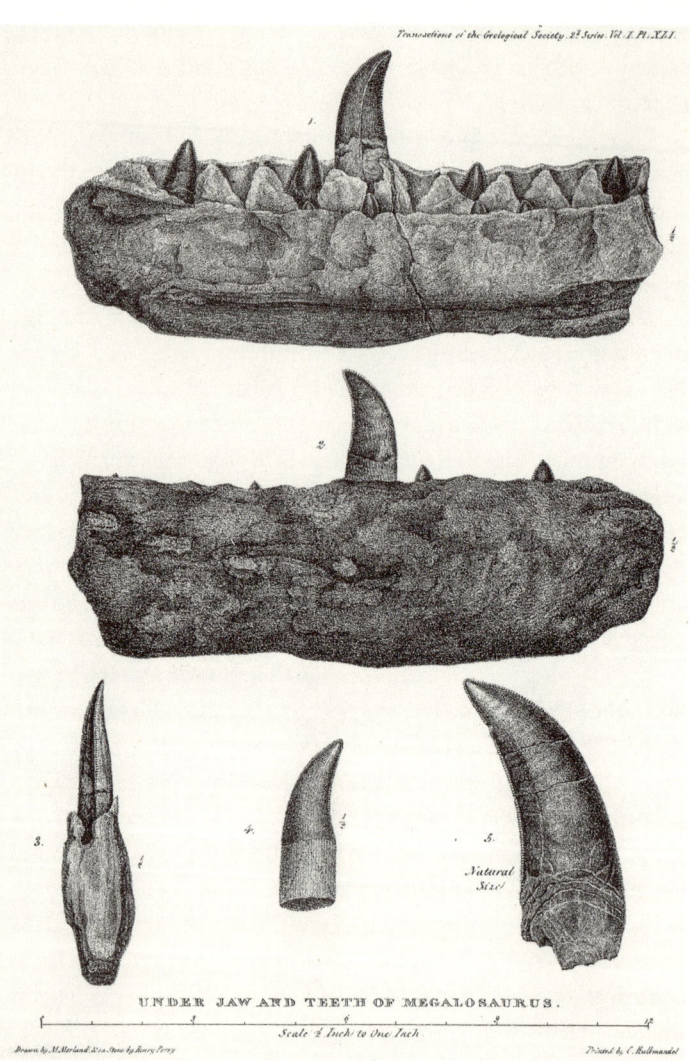

Transactions of the Geological Society. 2ª Serie. Vol. I. Pl. XLI.

UNDER JAW AND TEETH OF MEGALOSAURUS.

Scale ½ Inch to One Inch

Das Kieferfragment aus dem Ashmolean Museum in Oxford, das William Bucklands erster Beschreibung eines Dinosauriers zugrunde lag. Dieser bekam den Namen »Megalosaurus«. Bis heute wurde kein vollständiges Skelett dieses Fleischfressers gefunden.

Am gleichen Tag, als Reverend Conybeare seinen mit Spannung erwarteten Vortrag über Mary Annings Plesiosaurus hielt, stand in London noch ein weiterer Vortrag auf dem Programm der Geological Society, ein Redner, dessen Vorträge sich immer großer Beliebtheit erfreuten. Kein Geringerer als Professor William Buckland, der frischgebackene Präsident der Gesellschaft, würde über ein weiteres fossiles Reptil sprechen, den Megalosaurus, die »Große Echse«, einen neun Meter langen Fleischfresser, dessen Knochenfragmente und gebogene Zähne in einem englischen Steinbruch gefunden worden waren.

Buckland war eine außergewöhnliche Persönlichkeit. Heute würde man einem Kind wie ihm vielleicht frühzeitig eine ADHS-Diagnose verpassen und versuchen, es mit Tabletten und Therapien in die Spur zu bringen. William Buckland aber konnte sich Anfang des 19. Jahrhunderts noch ungehindert zu einem ruhelosen Exzentriker entwickeln, wie ihn die Welt noch nicht gesehen hatte, ein Mann, der trotz oder gerade wegen seiner zahlreichen Marotten berühmt wurde und bis heute unvergessen blieb, obwohl er nach einer Tuberkulose-Erkrankung in einem englischen Irrenhaus kein schönes Ende fand.

Freilandarbeit ist in der Geologie oder »Untergrundkunde«, wie Buckland seine noch junge Wissenschaft nannte, ein dreckiges Geschäft, doch ob in Staub oder Schlamm, William Buckland sah man immer im feinsten Zwirn, »ein englischer Gentleman durch und durch«. Das und der unvermeidliche blaue Beutel, in den er seine steinernen Fundstücke steckte und den er immer über der Schulter bei sich trug, waren noch die harmlosesten Spleens, die er sich leistete. Vorträge hielt er schon mal hoch zu Ross, wenn ihm danach war. Darüber hinaus hatte er sich vorgenommen, jede einzelne Tierart zu kosten, derer er habhaft werden konnte. Durch das ganze Tierreich wollte er sich essen, sogar vor Schmeißfliegen und gebratenem Maulwurf schreckte er nicht zurück. Sie schmeckten, wie sich herausstellte, ganz widerlich.

In sein Oxforder Domizil lud William Buckland »die führenden Wissenschaftler jener Tage« zu berühmt-berüchtigten Gelagen, bei denen er Igel-, Krokodil- und Pantherfleisch auftragen ließ. »Ich habe stets den Tag bedauert«, schrieb der Künstler und Philosoph John Ruskin, »an dem ich leider verhindert war und einen delikaten Mäusetoast verpasste.« Angeblich soll Buckland sogar das Herz eines französischen Königs verspeist haben, das man ihm unvorsichtigerweise gezeigt habe.

Als wären die kulinarischen Herausforderungen nicht genug, mussten sich seine Gäste auch noch mit diversen lebenden Tieren arrangieren, die zwischen Ichthyosaurier-Wirbelknochen, die als Kerzenständer dienten, und unzähligen Steinen und Fossilien in Bucklands Wohnung lebten. Neben Tieren in Terrarien wie Schlan-

William Bucklands Vorträge, hier im Ashmolean Museum in Oxford, erfreuten sich beim Publikum großer Beliebtheit.

gen und Frösche gab es etliche, die frei durch die Räume liefen, einen zahmen Bären zum Beispiel, der auf den Namen des altassyrischen Königs Tiglat-Pileser hörte. Sein Herr zog dem Tier mitunter Studentenkleidung an, um es seinen akademischen Kollegen vorzustellen.

Ein Besucher schilderte, wie er, auf dem Sofa sitzend, sich und seine Füße vor einem durch die Räume stromernden Schakal in Sicherheit zu bringen versucht habe. Irgendwann habe er unverkennbare Kaugeräusche vernommen.

Das Tier hatte sich unter das Sitzmöbel verkrochen und war dort offenbar auf andere frei lebende Bewohner von Bucklands Wohnung gestoßen. »Meine armen Meerschweinchen«, kommentierte der Hausherr, als man ihn darauf aufmerksam machte. Tatsächlich waren vier der fünf frei laufenden Nager Bucklands dem Schakal zum Opfer gefallen.

Erscheint es nicht absolut angemessen, dass die erste wissenschaftliche Beschreibung eines Dinosaurierknochens aus der Feder eines solchen Exzentrikers stammt, auch wenn er die Bezeichnung »Dinosaurier« noch nicht verwendete? Dabei hatte er die fraglichen Fossilien gar nicht selbst gefunden. Zu William Bucklands Aufgaben als Dozent für Mineralogie gehörte die Leitung des Ashmolean Museum in der Innenstadt Oxfords, des weltweit ersten einer Universität angegliederten Museums. Hinter seiner säulenverzierten Fassade bewahrte es eine Sammlung von allerlei Kunstwerken und Raritäten, darunter ein Kieferfragment und einige spektakuläre Knochen, die schon mehr als 100 Jahre zuvor von Robert Plot, einem von Bucklands Vorgängern, beschrieben worden waren. Sie stammten aus der Umgebung von Oxford. Plot hatte die Fossilien für Überreste eines römischen Kriegselefanten gehalten, bis er viel später die ganz anders geformten Knochen eines echten Dickhäuters zu sehen bekam. Andere glaubten, das die Gelenkkugeln tragende Endstück eines Oberschenkelknochens sei in Wirklichkeit ein versteinerter menschlicher Hodensack. Als Zeugnisse einer vollkommen rätselhaften fernen Vergangenheit wurden die Fossilien aufbewahrt, erklären konnte sie niemand.

Auch William Buckland ließ sich damit unerklärlich lange Zeit. Zwar war es ihm und einem kleinen Kreis von Kollegen innerhalb weniger Jahre gelungen, die »Untergrundkunde« zu einer Königsdisziplin innerhalb der Wissenschaften zu entwickeln, doch zu den mysteriösen Knochen sagte er lange kein Wort, obwohl der große Georges de Cuvier die Fundstücke bei einem Besuch des Museums bereits als Reptilienknochen identifiziert hatte und ungeduldig auf eine Veröffentlichung Bucklands wartete.

Dessen oberstes Bestreben war es aber, die Geologie voranzubringen und ihre Erkenntnisse mit dem christlichen Glauben und den Aussagen der Bibel zu versöhnen – keine leichte Aufgabe, schien doch jedes neue Fossil den althergebrachten Vorstellungen von der Geschichte der Welt zu widersprechen. Dass ausgerechnet er einer durch die neuen Erkenntnisse ohnehin verwirrten Öffentlichkeit nun die Existenz eines weiteren riesigen Reptils auf englischem Boden verkünden sollte, noch dazu eines fleischfressenden Landbewohners, dürfte er als schwierigen Balanceakt empfunden haben, den er vor sich herschob.

Buckland wollte beweisen, dass die biblische Sintflut die letzte der Katastrophen war, die Cuvier in seiner berühmten Katastrophentheorie postuliert hatte. Der Katastrophismus hatte damals unter Wissenschaftlern viele Anhänger. Aufgrund seiner Untersuchungen fossiler Elefanten und anderer ausgestorbener Tiere war Cuvier zu dem Schluss gelangt, dass die Erde und ihre Tier- und Pflanzenwelt im Laufe der Erdgeschichte von einer ganzen Reihe von dramatischen Einschnitten heimgesucht worden waren, von Fluten, Vulkanausbrüchen und anderen verheerenden Zerstörungen. Als Überreste legten nur einige Versteinerungen noch Zeugnis über die Tier- und Pflanzenarten ab, die den Katastrophen zum Opfer gefallen waren.

Dass diese Argumentation auch missverstanden werden konnte, zeigt Tracy Chevalier in einem Dialog einer ihrer weiblichen Hauptpersonen mit Lord Henley, dem Gutsherren, der Mary Anning für 23 Pfund den ersten Ichthyosaurier abkaufte. Die beiden stehen vor dem Schädel und staunen über dessen Größe.

Ich machte einen Vorstoß: »Für ein Krokodil sind die Augen recht groß, finden Sie nicht, Lord Henley?«
Lord Henleys Stiefel scharrten über den Boden. »Ganz einfach, Miss Philpot, es ist eine von Gottes frühen Schöpfungen, später hat er dann beschlossen, den Nachfolgern kleinere Augen zu geben.«

Cuvier wäre mit dieser Begründung nicht einverstanden gewesen. Dass Gott nach jeder Katastrophe neue Tiere und Pflanzen erschaffe, war eine Unterstellung seiner Gegner. Er selbst hatte dergleichen nie behauptet, im Gegenteil. Seiner Meinung nach wurde das verwüstete Land nach jeder Katastrophe von Arten neu besiedelt, die in irgendeinem entlegenen Gebiet überlebt hatten. Sie waren wie die ausgestorbenen Spezies das Produkt der einen göttlichen Schöpfung und nutzten nun die Chance für einen Neubeginn.

Aus heutiger Sicht ist es erstaunlich, dass der Begründer der wissenschaftlichen Paläontologie, der Mann, der das Aussterben von Tierarten entdeckt und mit vielen Beispielen untermauert hat, ein glühender Vertreter der Konstanz der Arten war. »Ist nicht Cuvier der größte Dichter unseres Jahrhunderts?«, rühmte ihn sein nicht minder berühmter Landsmann Honoré de Balzac kurz vor seinem Tod. »Unser unsterblicher Forscher hat aus gebleichten Knochen Welten wiedererstehen lassen, hat, wie Kadmos, mit Zähnen Städte neu erbaut (...).«

Es stimmte, wie kein anderer vor ihm hatte Georges de Cuvier deutlich gemacht, dass es »eine Welt vor der unseren« gegeben hatte. Evolutive Veränderungen aber, einen Wandel der Arten, wie ihn etwa sein Pariser Kollege Jean-Baptiste de Lamarck vertrat, lehnte er vehement ab. Er machte sich über dessen Vorstellung lustig, dass erworbene Eigenschaften sich vererben sollten, dass »Enten durch Tauchen zu Hechten wurden; Hechte sich auf dem Trockenen in Enten verwandelten«.

Ob Darwins Theorie den berühmten Anatom wohl überzeugt hätte? Als Baron de Cuvier 1832 starb, war Darwin gerade mit der HMS Beagle zu seiner Weltumseglung aufgebrochen, die Veröffentlichung seines epochalen Werkes über die Entstehung der Arten lag noch Jahrzehnte in der Zukunft.

William Buckland, ein Mann der Kirche, ging in seinem Gottesglauben noch weiter. Jahrelang suchte er nach Beweisen dafür, dass die biblische Sintflut den Abschluss dieser Cuvier'schen Folge von Katastrophen bildete. Die rätselhaften Knochen und Zähne in seinem Museum waren da eher ein Störfaktor, der ihn von seiner eigentlichen Arbeit abhielt. Schließlich muss der Druck aber so groß geworden sein, dass Buckland seine Arbeit über den Megalosaurus nicht länger hinauszögern konnte. Vermutlich war ihm zu Ohren gekommen, dass ein englischer Arzt anhand eigener Fundstücke ebenfalls eine Arbeit über die Riesenechse plante und ihm zuvorzukommen drohte.

Wie sollte Buckland der Öffentlichkeit die Existenz eines derart gewaltigen fleischfressenden Reptils erklären? Zweifellos hatte diese Bestie die zeitgenössische Tierwelt in Angst und Schrecken versetzt. Was konnte Gott nur dazu bewogen haben, derart abscheuliche Kreaturen in die Welt zu setzen? In einer naturtheologischen Schrift, an der er jahrelang arbeitete, gab er später darüber Auskunft. Zu einer Schöpfung, »deren Ziel es ist, möglichst vielen Individuen möglichst viel Freude zu schenken«, scheine ein solches Ungeheuer nicht zu passen, räumte er ein. Abgesehen davon, dass sich eine solche Weltsicht damals wohl nur einem

William Buckland (1784–1856), Exzentriker, Allesesser, einer der Gründerväter der Geologie und Erstbeschreiber eines Dinosauriers.

Angehörigen der englischen Oberschicht aufdrängen konnte, war er um eine Antwort keineswegs verlegen. »Es hat dem Schöpfer gefallen, jedes Geschöpf auf Erden mit einer gewissen Güte auszustatten, um das Ende des Lebens für jedes Individuum so leicht wie möglich zu machen.« Und in Gestalt dieses Monsters mit seinen dolchartigen Zähnen ist der Tod der »Schwachen und Kranken« zweifellos sehr schnell und plötzlich gekommen. Der Dinosaurier als barmherziger Erlöser.

Eine Minderheit, die noch weiter ging als Buckland und die Bibel wörtlich nahm, wies diese Sicht der Dinge empört zurück: »Tiere wurden nicht als Fleisch fressende Kreaturen geschaffen«, erklärten sie. Das sei »eine unbestreitbare Grundwahrheit«. So sei auch Bucklands Megalosaurus ursprünglich als Pflanzenfresser geschaffen worden und erst später degeneriert. Durchsetzen konnten sie sich mit dieser Ansicht nicht.

Der Arzt Gideon Mantell (1790–1852), Entdecker des Iguanodons und Autor mehrerer Bücher. Er war auf bestem Wege der Dinosaurierexperte Englands zu werden, bevor ihn ein Kutschunfall zum Krüppel machte.

Als Buckland an einem Februarabend des Jahres 1824 im Sitz der Geological Society zum Ende seiner Ausführungen kam und die Zuhörer aufforderte, ihn bitte zu informieren, falls sie Kenntnis über weitere Knochenfunde der von ihm beschriebenen Echsenart besäßen, erhob sich im Publikum ein großer, hagerer Mann und erklärte, dass er tatsächlich über derartige Fossilien verfüge, über eine Reihe von Zähnen und einen kolossalen Oberschenkelknochen, welcher doppelt so groß wie Bucklands Fragment sei und wahrscheinlich ebenfalls vom Megalosaurus stamme. Der Name dieses Mannes war Gideon Mantell. Es handelte sich um jenen Arzt, dessen Forschungen Buckland zur Eile angetrieben hatten.

Dass zwei Männer sich über die Arbeit an Dinosaurierknochen zerstritten und zu Kontrahenten wurden, ist in der Geschichte der Paläontologie beileibe kein Einzelfall, aber William Buckland war nicht derjenige, der in den kommenden Jahren zum Gegenspieler Mantells werden sollte. Das entsprach weder seinem Naturell, noch waren die Riesenechsen sein eigentliches Forschungsthema. Zusammen mit dem Geologen Charles Lyell besuchte er Gideon Mantell in seinem Haus im südenglischen Lewes, ließ sich dort zwei Wochen nach der Londoner Versammlung dessen Fossilien zeigen und bedankte sich in der später veröffentlichten Druckfassung seines Vortrags artig für Mantells wichtigen Beitrag zur Megalosaurus-Forschung.

Die Rolle von Mantells Gegenspieler war Richard Owen vorbehalten, dem späteren Namensgeber der Dinosaurier, der aber zu diesem Zeitpunkt erst Anfang zwanzig war, bei einem Arzt in Lancaster in die Lehre ging und dort gelegentlich Leichen sezierte. Owen war aus ganz anderem Holz geschnitzt als der liebenswürdige Buckland und füllte die Rolle des erbarmungslosen Konkurrenten mit einer Inbrunst aus, die im Nachhinein schaudern lässt.

Noch ahnte Mantell nicht, welch mächtiger und skrupelloser Gegner ihm da heranwuchs. Den Megalosaurus hatte Buckland ihm vor der Nase weggeschnappt, er hatte aber noch ein zweites Eisen im Feuer, einen seltsamen Zahn, der in seinen Augen auf die Existenz einer weiteren riesigen Landechse hinwies, diesmal eines Pflanzenfressers. Wenn er recht hätte, wäre dies das erste Tier dieser Art, etwas völlig Neues, für das es in der Welt keinerlei Entsprechung gab. Mantell zögerte deshalb mit der Veröffentlichung. Er war überzeugt davon, dass es sich um einen Reptilienzahn handelte, brauchte aber weitere Fundstücke und musste noch die Meinung einiger Experten einholen. Buckland hatte sein Fossil schon als Zahn eines Säugetiers oder Fisches bezeichnet und glaubte nicht an das vergleichsweise hohe Alter, das Mantell der Gesteinsschicht zuschrieb, aus der der Zahn stammte – ein Fehlschlag.

Viel schwerer wog aber das Urteil von Georges de Cuvier, dem Charles Lyell, ein Freund Mantells, während eines Besuches in Paris den Zahn vorlegte. Für Mantell war Cuvier die allein ausschlaggebende anatomische Instanz. Er war so voller Bewunderung für ihn, dass er die ganze Zeit »vor Aufregung gezittert« habe, als er ihm Jahre später einmal begegnete. Leider fiel Cuviers Urteil niederschmetternd aus. Es handele sich um den Schneidezahn eines Rhinozerosses, erklärte er.

Mantell war am Boden zerstört. Bis zur Erschöpfung und darüber hinaus hatte er geschuftet, tagsüber als Arzt, der im Laufe der Jahre Tausende von Kindern zur Welt brachte und viele Schwerverletzte behandelte, und abends und nachts brühtete er über seinen Fossilien, für deren Bergung er Arbeiter in einem Steinbruch bezahlte. Sein größter Wunsch war es gewesen, Aufnahme und Anerkennung in den akademischen Kreisen zu finden, vor allem in der Royal Society, der angesehensten Gesellschaft des Landes. Dass der Franzose seinen Schnellschuss während einer Abendgesellschaft, quasi zwischen Tür und Angel, abgegeben hatte und schon am nächsten Morgen anders darüber dachte, erfuhr Mantell nicht.« So unglücklich waren meine Tage«, schrieb er in sein Tagebuch, »dass ich nicht die Entschlossenheit aufgebracht habe, mein Elend niederzuschreiben.« An eine Veröffentlichung seiner Ideen war unter diesen Umständen nicht zu denken.

Doch Mantell sollte eine zweite Chance bekommen. Mithilfe der Arbeiter sammelte er weiter. Anders als bei Säugetieren wachsen die Zähne der Reptilien zeitlebens nach. Und nach einiger Zeit hatte er das ganze Spektrum beisammen, alte, vom Gebrauch abgeschliffene Zähne, neue, die noch eine charakteristische Sägekante aufwiesen, und weitere in verschiedenen Stadien der Abnutzung. Er schickte ein Paket nach Paris und diesmal fiel die Antwort wie erhofft aus. »Diese Zähne sind mir sicherlich unbekannt«, schrieb der Baron. »Könnten wir es hier nicht mit einem neuen Pflanzen fressenden Reptil zu tun haben?«

Cuviers Antwort ermutigte Mantell, endlich alles zusammenzufassen, was er über dieses seltsame Tier in Erfahrung gebracht hatte. Jetzt konnte es vor seinem inneren Auge lebendig werden, ein gewaltiger Pflanzenfresser, ein Gigant von mehr als 50 Metern Körperlänge, größer als Bucklands Megalosaurus. Er nannte ihn »Iguanodon«, »Leguanzahn«, weil ihm die Ähnlichkeit der fossilen Zähne mit denen heute lebender Leguane aufgefallen war. Nur die Größe war eine andere. Die Zähne seines Iguanodons waren zwanzigmal größer.

Diese Arbeit brachte ihm schließlich all das ein, was er sich erhofft hatte. Er etablierte sich als Kapazität auf dem Gebiet der fossilen Reptilien, wurde in den Beirat der Geological Society gewählt und mehrere Gelehrte, darunter auch William Buckland, schlugen seine Aufnahme in die Royal Society vor, die am 22. Dezember 1825 feierlich vollzogen wurde. Gideon Mantell, Sohn eines einfachen Schuhmachers, war endlich am Ziel. Er ahnte nicht, dass es für ihn bald nur noch bergab gehen sollte.

Zwei Jahre später schien der neue Glanz schon wieder verblasst zu sein. Mantell veröffentlichte ein Buch, dessen auf den Fundort, den Tilgate Forest in Sussex, Bezug nehmender Titel nicht erkennen ließ, dass es sich im Grunde um das erste Werk handelte, das sich ausführlich mit den in England gefundenen fossilen Riesenreptilien befasste. Mit blumigen Beschreibungen unberührter Urzeitlandschaften versuchte Mantell seine Leser für das Thema zu begeistern. Dann nahm er ihre spektakulären Bewohner ins Visier: »Man stelle sich ein Tier aus dem Eidechsenstamme vor, drei- bis viermal so groß wie das größte Krokodil, die Kiefer mit Zähnen, die den Schneidezähnen eines Rhinozerosses gleichkommen, geschmückt mit Hörnern – ein solches Geschöpf muss das Iguanodon gewesen sein! Nicht weniger wundervoll waren die Wasserbewohner, man denke nur an den Plesiosaurus, dem nichts als Flügel fehlten, um ein Drache zu sein.«

Mantells Biograf Dennis Dean bezeichnete den Band 1999 als »das ungewöhnlichste und historisch bedeutsamste Dinosaurierbuch in Englisch«. Aber es kam offenbar zu früh, niemand wollte es lesen. Die Herstellung hatte viel Geld verschlungen und es wurde für Mantell zu einem finanziellen Desaster. Von – Autoren, aufgepasst – 150 gedruckten und natürlich von Mantell selbst bezahlten Exemplaren wurden ganze 50 verkauft.

Kurz darauf hatte Mantell das Glück, eine weitere kolossale Landechse zu entdecken, ein gepanzertes, mit einem keulenförmigen Schwanzende ausgestattetes Wesen, das heute »Ankylosaurus« genannt wird. Zwei der drei damals bekannten urzeitlichen Landreptilien hatte nun er entdeckt und beschrieben. Seine Position schien gefestigt und unangreifbar. Immer deutlicher wurde für ihn, dass dem Zeitalter der Säugetiere ein Zeitalter der Reptilien vorausgegangen war. *The Geological Age of Reptiles* hieß denn auch ein Aufsatz, den er 1841 veröffentlichte und mit dem er heftigen Zorn der Anglikanischen Kirche provozierte. Es sei schlicht undenkbar, hieß es dort, dass Gott eine Welt erschaffen haben könnte, die nur von Reptilien bewohnt gewesen sei, ohne ein einziges vernunftbegabtes Wesen, um ihn zu rühmen.

Als er den Mitgliedern der Royal Society den neuen Fund vorstellte, saß ein aufstrebender junger Mann im Publikum, der genau zuhörte, ein begnadeter junger Anatom, der auf dem besten Wege war, sich als »Englischer Cuvier« einen Namen zu machen, Richard Owen. Er sollte Mantell seine Position bald streitig machen.

Mantell, der sich auf dem Zenit seiner Karriere glaubte, fasste den verhängnisvollen Entschluss, mit seiner Familie, der Arztpraxis und seiner umfangreichen Fossiliensammlung in das Seebad Brighton umzuziehen. Dort gründete er für seine Fundstücke ein Museum, das sich schon bald nach seiner Eröffnung großer Beliebtheit erfreute. Aber der Eintritt war frei, das Haus verursachte nur Kosten, und da Mantell gleichzeitig Schwierigkeiten hatte, Patienten für seine Praxis zu finden, geriet er in immer größere finanzielle Schwierigkeiten.

Seine Leidenschaft trieb ihn in den Ruin und seine Frau Mary aus dem Haus. Er sah schließlich keine andere Möglichkeit mehr, als seine geliebte, mühsam zusammengetragene Fossiliensammlung für 4000 Pfund an das British Museum zu verkaufen. Anschließend ging er nach London, um dort wieder als Arzt zu arbeiten. 1840, nur wenige Monate nach dem Umzug, starb seine geliebte Tochter Hannah, was ihn, so eine Tagebucheintragung, »in einem fast unerträglichen Zustand der Niedergeschlagenheit« zurückließ.

Es war eine ganze Serie von Schicksalsschlägen, die Gideon Mantell in diesen Jahren zu verkraften hatte. Die BAAS, die British Association for the Advancement of Science, die im Wettstreit mit den Festlandseuropäern einen beklagenswerten Bedeutungsverlust der englischen Wissenschaft befürchtete, hatte 1838 einen »Bericht über den gegenwärtigen Stand des Wissens über die fossilen Reptilien in Großbritannien« in Auftrag gegeben. Dank Mary Anning, Mantell, Buckland und anderen verfügte man auf der Insel über einen Fossilienschatz, der in Europa seinesgleichen suchte und nach einer Gesamtschau schrie, eine Arbeit, die nur ein Engländer von außergewöhnlicher Begabung übernehmen durfte. Und dieser jemand konnte selbstverständlich, trotz aller Verdienste, kein kleiner Landarzt sein. Dafür kam nur der brillante, damals 33 Jahre junge und trotzdem bereits glänzend vernetzte Richard Owen infrage, Professor am Royal College of Surgeons.

Owen schlachtete fortan ungeniert Mantells Erkenntnisse aus, ohne dessen Beiträge angemessen zu würdigen. Der Betrogene protestierte öffentlich gegen Falschdarstellungen und die Tatsache, dass viele seiner Forschungsergebnisse schlicht ignoriert wurden, beklagte sich über »unwürdige Piraterie und Undankbarkeit«, doch er konnte Owens Siegeszug nicht aufhalten. Dem waren Mantells ehemalige Fossilien, die nun im British Museum lagerten, eine große Hilfe. Da er ganz in der Nähe des Museums wohnte, hatte er zu dieser bedeutenden Sammlung leichter Zugang als ihr früherer Besitzer, der noch dazu bald mit einem schweren Handicap zu kämpfen hatte.

Denn der Tiefpunkt war für Mantell erst 1841 erreicht. Während Owen sich in seinem ureigensten Gebiet an die Spitze der Forschung setzte und dabei ein dichtes Netz von Kontakten und Beziehungen bis in höchste Kreise aufbaute, erlitt Mantell auf dem Weg zu einem Patienten einen Kutschunfall, bei dem er sich eine schwere Wirbelsäulenverletzung zuzog. Als Krüppel mit verkrümmtem Rückgrat hatte er fortan unter großen chronischen Schmerzen zu leiden. Zwar war er weiter produktiv, schrieb Aufsätze und Bücher, seine Bewegungsfähigkeit war aber stark eingeschränkt. Er litt unter Taubheitsgefühlen und Lähmungen, konnte nur noch mit starken Schmerzmitteln arbeiten und schlafen und begann schließlich Opium zu nehmen. Als neue und noch größere Iguanodon-Fossilien auftauchten, war er nicht in der Lage zu reisen, um sie sich anzusehen. Einem Mann wie Owen hatte er in dieser Verfassung nichts entgegenzusetzen.

Der Anatom Sir Richard Owen (1804–1892) prägte 1841 den Begriff »Dinosaurier«. Hier ist er neben dem Skelett eines neuseeländischen Riesenmoas zu sehen. Aufgrund von nur drei Knochenfragmenten hatte er deren Existenz korrekt vorausgesagt, noch bevor man die ersten Skelette fand.

Während Mantell unter Qualen um seinen Lebensunterhalt kämpfen musste, erhielt der Professor für seinen Bericht von der BAAS großzügig Forschungsmittel zugeteilt. Die Arbeit mündete schließlich in den berühmten zweiten Teil seines Berichts über die fossilen Reptilien Großbritanniens.

Eine glückliche Fügung hatte gerade zur rechten Zeit auf der Isle of Wight neue Iguanodon-Knochen zutage befördert, die von einem Londoner Sammler und Geschäftsmann erworben wurden, darunter das bisher unbekannte hintere oder untere Ende der Wirbelsäule, in dem, wie sich nun herausstellte, fünf Wirbel zu einem sogenannten Kreuzbein oder Sacrum verwachsen waren.

Owen muss es wie Schuppen von den Augen gefallen sein. Er hatte ein solches für Reptilien untypisches Kreuzbein schon einmal gesehen. Buckland hatte es ihm gezeigt. Das Fundstück lagerte schon seit Jahrzehnten im Ashmolean Museum in Oxford und gehörte zum Megalosaurus.

Plötzlich gab es zwischen diesen so unterschiedlich scheinenden Tierarten, einem Fleisch- und einem Pflanzenfresser, bedeutsame Übereinstimmungen, vermutlich eine Anpassung der schweren Körper an das Landleben. Owen suchte nach weiteren Übereinstimmungen, und bald stand für ihn außer Frage, dass beide innerhalb der Reptilien ein und derselben Tiergruppe angehörten.

2 Was ist ein Dinosaurier?

Die Kombination solcher Eigenschaften, (…) die alle bei
Lebewesen in Erscheinung treten, welche die größten lebenden
Reptilien in ihren Ausmaßen bei Weitem übertreffen, dürfte,
so wird unterstellt, Grund genug sein, um einen eigenen Tribus
oder eine Unterordnung der Saurierreptilien zu begründen,
für die ich den Namen ›Dinosauria‹ vorschlage.

RICHARD OWEN

So hört sie sich also an, die Geburtsstunde der Dinos im April des
Jahres 1842, eines ansonsten eher unspektakulären Jahres. Von
Owens Bericht abgesehen lassen sich seine wichtigsten wissen-
schaftlich-technischen Errungenschaften in einem Satz zusammenfassen: Ein gewisser John James Greenough erhielt 1842 das
erste amerikanische Patent auf eine Nähmaschine und sein Landsmann Crawford W. Long verwendete zum ersten Mal Äther als
Betäubungsmittel bei einer Tumoroperation. Zudem waren es
damals die Engländer, die in Afghanistan (erfolglos) Krieg führten, und in Missouri brach die erste Planwagen-Kolonne mit ein-
hundert Siedlern auf, um über die Rocky Mountains nach Westen vorzudringen. Und, ach ja, als fünftes von vierzehn Kindern
wurde in einer im sächsischen Hohenstein-Ernstthal wohnhaf-
ten armen Weberfamilie ein gewisser Karl May geboren.

Der Zeitpunkt war also günstig, trotzdem sorgte Richard Owens
Bericht zunächst nur innerhalb eines kleinen Kreises von Gelehrten für Gesprächsstoff. Bis die Öffentlichkeit in einen regelrech-
ten Dino-Rausch verfiel, den ersten der Weltgeschichte, sollten

noch fast zehn Jahre vergehen. Und wie gut 150 Jahre später, als die Bilder des Hollywood-Blockbusters *Jurassic Park* weltweit die Massen elektrisierten und eine nie gekannte Dino-Begeisterung auslösten, bedurfte es dazu einer bildlichen Darstellung. Wir werden im folgenden Kapitel darauf zurückkommen.

Welche Eigenschaften meinte Richard Owen? Wie sehen die Erkennungszeichen aus, die diese neue »Unterordnung der Saurierreptilien« definieren? Mit anderen Worten: Was genau sind Dinosaurier? Was unterscheidet sie von Krokodilen, Fischsauriern, Tauben oder Elefanten?

In Anbetracht der heutigen Omnipräsenz dieser seit 65 Millionen Jahren ausgestorbenen Kreaturen ist es erstaunlich, wie schwer diese Fragen zu beantworten sind. Der Tyrannosaurus rex ist zwar ein Megastar, der es an Berühmtheit mit Madonna oder Hugh Jackman aufnehmen kann, von jeder heute lebenden Tierart ganz zu schweigen, was einen T. rex aber ausmacht und charakterisiert, wissen nur wenige Eingeweihte. Nicht, dass es keine Antworten gäbe, sie sind aber für einen anatomischen Laien kaum zu verstehen und können auch hier nur angerissen werden.

Versuchen Sie einmal zu beschreiben, worin sich Katzen und Hunde unterscheiden. Kein Problem, werden Sie antworten und loslegen. Vermutlich reagieren Sie aber wesentlich zurückhaltender, wenn Sie erfahren, dass weder Fellzeichnung und -beschaffenheit noch das Verhalten der Tiere berücksichtigt werden dürfen, sondern ausschließlich Kennzeichen des Skeletts. Damit fallen leider die meisten der bekannten und offensichtlichen Merkmale weg, die wir mit den verschiedenen Gruppen der Landwirbeltiere verbinden, denn in der Fossilüberlieferung ist davon im Normalfall so gut wie nichts zu sehen. Das ist die Situation der Paläontologen. Sie kennen in der Regel nur die Knochen. Eigelege oder Sauriermumien, an denen Reste der Schuppenhaut haften, sind seltene Glücksfälle. Meistens ist die Situation sogar noch deutlich ungünstiger, denn fossile Skelette sind nur in den seltensten Fällen vollständig. Oft genug stehen den Forschern nur einzelne Knochen oder Zähne oder sogar nur Bruchstücke davon zur Verfügung.

Jeder Tierfreund wird bestätigen, dass Hund und Katze grundverschieden sind, bei Betrachtung ihrer nackten Skelette fallen aber vor allem die Gemeinsamkeiten ins Auge. Auf ihre Knochen reduziert, sind alle Säugetiere sich sehr ähnlich und unsere liebsten Begleiter noch dazu nahe Verwandte, denn sie gehören der gleichen Ordnung an, den Carnivora oder Landraubtieren. Erst beim genaueren Hinschauen würden Sie vielleicht Unterschiede im Schädelbau bemerken.

Heute noch lebende Tiergruppen, bei denen man sich auf die ganze Breite ihrer Merkmale und Fähigkeiten beziehen kann, sind vergleichsweise leicht zu charakterisieren. Säugetiere bringen ihre Jungen lebend zur Welt, ernähren sie mithilfe von Milchdrüsen und besitzen ein Fell. Vögel haben dagegen Federn und einen zahnlosen Schnabel, Amphibien nichts dergleichen, wohl aber eine drüsenreiche Haut. Zur Eiablage sind sie noch auf das Wasser angewiesen und durchleben dort in der Regel ein Larvenstadium. Reptilien haben stattdessen eine trockene Hornschuppenhaut und sind dank ihrer beschalten Eier unabhängig vom Wasser geworden ...

Und was haben Dinosaurier?

Nun ... Größe, würden wohl die meisten Menschen antworten. Das war das, was sie ausmachte. Dinosaurier waren sehr große Reptilien. Ihre imposante Erscheinung kommt ja schon im Namen zum Ausdruck: *deinos sauros*, was üblicherweise als »schreckliche (gewaltige) Echse« übersetzt wird.

Stimmt, normalerweise ist fast ausschließlich von den Riesen unter den Dinos die Rede. Kleinvieh kennen wir ja in der heutigen Tierwelt zur Genüge, und die großen Exemplare machen viel mehr her, zumal wenn man ihnen eine Hauptrolle in einem Film auf den Leib schreibt. Der sogenannte Gigantismus, ein evolutionärer

Trend zu außergewöhnlich großen Körpern, war bei den Dinosauriern des Erdmittelalters tatsächlich sehr ausgeprägt. Über die Gründe konnte man lange Zeit nur spekulieren. Derartiger Riesenwuchs hat nicht nur Vorteile. Vermutlich waren T. rex und andere riesenhafte Raubdinosaurier wie der argentinische Giganotosaurus schon deshalb keine schnellen Läufer, weil ein Sturz für diese tonnenschweren Tiere mit einer erheblichen Verletzungsgefahr verbunden war.

Tiere wie der bis zu 40 Meter lange Argentinosaurus erreichten wahrscheinlich die Grenze dessen, was an Größe für Landlebewesen überhaupt möglich ist. Die Frage, wie diese langhalsigen Sauropoden, die größten unter den Riesen, es schafften, bei ihrem enormen Energiebedarf auch nur einen einzigen Tag zu überleben, ist tatsächlich alles andere als trivial und beschäftigte eine interdisziplinäre europäische Forschergruppe über viele Jahre. Wie zu befürchten, kam dabei keine einfache Antwort heraus, sondern eine komplexe Theorie des Gigantismus, die dicke Bücher füllt und uns in einigen überraschenden Details noch beschäftigen wird.

Doch die Gleichung Riesenechse = Dinosaurier gilt keinesfalls. Denn neben den Dinos gab es etliche große bis sehr große Reptilien, die heute kaum ein Mensch kennt und die eindeutig nicht zu diesem von uns verehrten elitären Kreis gehörten. Die im Meer lebenden Plesio- und Ichthyosaurier, die Mary Anning entdeckte, haben wir schon kennengelernt. Sogar fast doppelt so groß waren die Mosasaurier, frühe Verwandte der heutigen Warane, die während der Kreidezeit die Ozeane unsicher machten. In *Jurassic World* befördert einer davon den von Menschen erzeugten Killerdino endlich ins Jenseits, indem er aus dem Wasser schießt, ihn am Hals packt und in die Tiefe seines riesigen Beckens zieht. Auch an Land gab es mehrere große Echsengruppen, die den Dinos anfangs Konkurrenz machten, zum Beispiel die Rauisuchiden, die aussahen wie hochbeinige Krokodile und deren größte Exemplare von Schnauzen- bis Schwanzspitze zehn Meter maßen. Sollte es Menschen also einmal auf irgendeine Weise ins Erdmittelalter verschlagen, wären sie in jedem Fall gut beraten, sich zu Lande und zu Wasser von all seinen Bewohnern fernzuhalten, ob Dino oder nicht.

Körpergröße ist generell kein gutes Merkmal, um verwandtschaftliche Beziehungen zu begründen. Die nächsten lebenden Verwandten der tonnenschweren Elefanten, die Klippschliefer, wiegen höchstens fünf Kilogramm und ähneln äußerlich den Murmeltieren. Und so war es auch zu Zeiten der Dinosaurier. Im Schatten der Giganten, der größten Landlebewesen, die je existierten, gab es gleichzeitig viele kleine, nur hunde- oder hühnergroße Dinosaurier, sogar in der unmittelbaren Verwandtschaft der schrecklichsten aller schrecklichen Echsen, der Tyrannosaurier, finden sich solche Zwerge.

Auf einem Markt in Myanmar fand Lida Xing, ein Paläontologe der Chinese University of Geosciences, kürzlich einen 99 Millionen Jahre alten Bernstein. Das Besondere an diesem aprikosengroßen Stück war der darin enthaltene Einschluss. Aufgrund der Wirbelknochen wurde er als Schwanz eines kleinen Dinosauriers identifiziert.

»Wow!« Als er das spektakuläre Stück auf seinem Schreibtisch hatte, habe es ihn förmlich weggeblasen, erzählte Ryan McKellar, ein kanadischer Bernstein-Experte, der *New York Times*. Er habe sich gesagt, dass er der Situation, einen Dinosaurier aus Fleisch und Blut in den Händen zu halten, nie mehr näher kommen werde als in diesem Moment. Das Tier war nur so groß wie ein Sperling gewesen, ein Dino-Winzling, der bequem auf einer Handfläche Platz gefunden hätte, vermutlich ein Jungtier. Hätte Richard Owen von der Existenz dieser Miniaturdinos gewusst, wären ihm seine Studienobjekte nicht mehr gar so schrecklich vorgekommen, und wahrscheinlich hätte er einen anderen Namen für sie gewählt. Eine Fußnote in Owens Bericht beweist übrigens, dass es ihm bei

Das in diesem Bernstein eingeschlossene Gebilde stellte sich als der buschige Schwanz eines kleinen Dinosauriers heraus, vermutlich eines Jungtiers.

der Verwendung des griechischen *deinos* um die Wortbedeutungen »furchterregend, Ehrfurcht gebietend, großartig« ging. Dinosaurier im Sinne Owens sind also keine »schrecklichen«, sondern eher »Ehrfurcht gebietend große Echsen«.

Dass kleine Exemplare in der öffentlichen Wahrnehmung nur eine untergeordnete Rolle spielten, hat viele Gründe. Große Knochen erregen nicht nur mehr Interesse als kleine, sie werden auch leichter und häufiger gefunden und intensiver gesucht. Ob sie wissenschaftlich gesehen die interessanteren sind, sei dahingestellt. Geldgeber und Sponsoren erwarten aber in der Regel Resultate, sprich: Fossilien, die präsentabel sind und etwas hermachen, und so waren alle auf der Suche nach dem Riesen, der alle anderen in den Schatten stellt. Kleinere Tiere verschwanden, wenn man sie überhaupt entdeckte, in den Magazinen.

Knochen großer Tiere sind aber auch deshalb überrepräsentiert, weil sie leichter fossilisieren. Nahezu alles, was nach dem Tod mit einem Kadaver geschieht, beeinträchtigt die Überreste kleinerer Tiere mehr als die großer, von der Aktivität diverser Mikroben über die Einflüsse von Wind und Wetter bis hin zur Mahlzeit der Aasfresser. Große Knochen werden langsamer dekompostiert als kleine. Von seltenen Ausnahmen abgesehen, führt all dies im Endergebnis zu einer starken Überrepräsentanz großer Tiere in der Fossilüberlieferung und damit zu dem falschen Eindruck, kleine Tiere, speziell kleine Dinosaurier, seien die Ausnahme oder zumindest viel seltener gewesen als die großen. Wahrscheinlich war das Gegenteil der Fall.

Dinosaurier lebten ausschließlich an Land, sie waren aber eine äußerst vielgestaltige Tiergruppe, was die Beantwortung der Frage, woran man sie eigentlich erkennt, nicht leichter macht. Owens Beschreibung stützte sich auf gerade einmal drei Arten, heute sind über 650 bekannt, und pro Jahr kommen etwa 30 neue hinzu. Schätzungen gehen von insgesamt »1850 Gattungen und vielleicht 2200 Arten« aus. Wir kennen also bestenfalls ein Drittel aller Dinosaurier.

Der Vergleich mit der Zahl der heute existierenden Säugetierspezies (mehr als 5400) hinkt etwas, denn natürlich haben nicht alle Dinosaurierarten gleichzeitig gelebt. Sie verteilten sich auf einen Zeitraum von etwa 150 Millionen Jahren und lösten sich einander in relativ rascher Folge ab. Auf nicht mehr als ein bis zwei Millionen Jahre wird die durchschnittliche Lebensspanne einer Dino-Art geschätzt. Betrachtet man einen längeren Zeitraum, haben die Tiere sich stark verändert und in neue Arten aufgespalten. Innerhalb von 20 oder 30 Millionen Jahren wurden alte Dinosaurierarten und -gattungen also mehrfach durch neue ersetzt. Schätzungen, denen eine genaue Analyse der Fossilfunde zugrunde liegt, führen zu – für Dino-Fans – enttäuschenden Zahlen. Wahrscheinlich haben zu keinem Zeitpunkt mehr als 100 bis 250 verschiedene Dinosaurierarten gleichzeitig auf der Erde gelebt. Am größten war ihre Zahl wohl zu Lebzeiten des T. rex am Ende der Kreidezeit, »kurz« vor ihrem Aussterben.

Unter all diesen Arten gab es kleine und gewaltig große Echsen, sowohl Fleisch- als auch Pflanzenfresser, und letztere in einer beeindruckenden Formenvielfalt. Sie reichte von Vierbeinern zu Zweibeinern, von den gigantischen Sauropoden mit ihren meterlangen Hälsen und Schwänzen zu kompakteren Hornträgern wie dem Triceratops, von gedrungenen Panzerplattenträgern bis zu aufrecht laufenden Entenschnabelsauriern, um nur die wichtigsten zu nennen. Das ist außergewöhnlich und lässt bereits erahnen, dass das Gemeinsame all dieser Tiere in anatomischen Details stecken könnte, die nicht auf den ersten Blick ins Auge stechen.

Fest steht: Alle Echsen, die nicht das Land, sondern das Wasser bewohnten oder den Luftraum beherrschten, waren keine Dinosaurier. Und sogar an Land waren die Dinos lange Zeit nur eine Reptiliengruppe von mehreren. Um ein Bild aus der Botanik zu bemühen: Stellt sich der Reptilienstammbaum heute als stark beschnittenes, nur wenige lange Äste tragendes Gewächs dar, präsentierte er sich gegen Ende des Erdaltertums, in einem Erdzeitalter, das »Perm« genannt wird, und im darauf folgenden Trias, dem Beginn des Erdmittelalters, als üppig wuchernder Busch. Im weiteren Verlauf wuchs aber vor allem ein Ast und überragte bald alle anderen, der der Dinosaurier. Um deren Stellung im zoologischen System zu verstehen, müssen wir uns leider von der vertrauten Ordnung verabschieden.

Die Einteilung der Landwirbeltiere in Amphibien, Reptilien, Vögel und Säugetiere, die im Wesentlichen schon auf Aristoteles zurückgeht, ist fest in den Köpfen der meisten Menschen verankert. Sie fasst Tiere aufgrund ihrer Ähnlichkeit und gemeinsamer Merkmale zu größeren Gruppen zusammen. Im späten 18. Jahrhundert ordnete man zum Beispiel Elefanten, Nashörner, Flusspferde und einige andere Säugetierarten den Dickhäutern (Pachydermes) zu. Bei diesem Ordnungsprinzip spielten Evolutionsverlauf und Verwandtschaftsbeziehungen keine Rolle.

Der modernen zoologischen Systematik geht es aber genau darum. Sie versucht in der Einteilung der Tiergruppen auch Verwandtschaftsverhältnisse abzubilden. Mark Norell, leitender Paläontologe des American Museum of Natural History bringt es auf den Punkt:»Nicht Merkmale definieren die Tiergruppen, sondern Abstammung.«So wissen wir heute, dass Elefanten näher mit den Schliefern und Sehkühen verwandt sind als mit Rhinozerossen und Flusspferden. Deshalb werden sie mit diesen zu einer Gruppe unter neuem Namen zusammengefasst. Die nächsten Verwandten der Nashörner sind wiederum die Pferde, und Flusspferde gehören in verwandtschaftliche Nähe zu Antilopen, Hirschen und Walen.

So weit, so gut. In manchen Fällen führt dieses Vorgehen jedoch zu Ergebnissen, die den herkömmlichen Anschauungen vollkommen zuwiderlaufen. Die Gruppen oder Taxa, zu denen die Forscher Tierarten zusammenfassen, werden durch gemeinsame, von der Urform abgeleitete Merkmale begründet und sollen darüber hinaus möglichst alle Arten umfassen, die aus diesem letzten gemeinsamen Vorfahren hervorgegangen sind. Will man trotzdem die alten, vertrauten Begrifflichkeiten beibehalten und auch ausgestorbene Gruppen unterbringen, beginnen die Probleme.

Das Fell der Säugetiere ist zum Beispiel ein solches gemeinsam abgeleitetes Merkmal. Es begründet die Gruppe sehr gut, denn es gibt kein anderes Landwirbeltier, das Haare oder Fell besitzt. Dazu kommen weitere Merkmale, im Falle der Säugetiere etwa die Tatsache, dass ihre Jungen mit von den Müttern produzierter Milch gesäugt werden. Die Klasse der Säugetiere ist nicht nur klar definiert, sie stellt auch eine Abstammungsgemeinschaft dar, umfasst also alle Arten, die aus dem letzten gemeinsamen Vorfahren hervorgegangen sind. Die Biologen sagen, sie sei monophyletisch.

Für die Reptilien im klassischen Sinne gilt das leider nicht, denn eine große und sehr bekannte Tiergruppe ist darin nicht enthalten, obwohl sie von dem gleichen gemeinsamen Vorfahren abstammt: die Vögel. Richard Owen und seine Zeitgenossen ahnten davon noch nichts, heute gilt aber als sicher, dass unsere gefiederten Freunde aus einer bestimmten Gruppe der Dinosaurier hervorgegangen sind. Die Reptilien im klassischen Sinne enthalten also nicht alle Nachkommen der jüngsten gemeinsamen Stammform und sind deshalb schon seit vielen Jahren aus der zoologischen Terminologie verbannt worden. Außerhalb der Wissenschaft mag sich jedoch kaum jemand daran gewöhnen, Vögel als das anzusehen, was sie sind: als Dinosaurier und damit Abkömmlinge der Reptilien – zu unterschiedlich sind die Tiergestalten, die die Menschen mit diesen Begriffen assoziieren.

Seit wenigen Jahren wissen wir nun auch, dass der Besitz von Federn als Körperbedeckung, anders als lange Zeit gedacht, kein Alleinstellungsmerkmal der Vögel ist, denn – das wird uns noch beschäftigen – Federn wurden schon von Dinosauriern erfunden und waren unter diesen bereits weit verbreitet, bevor die ersten echten Vögel auf der Bildfläche erschienen. Der oben erwähnte in Bernstein eingeschlossene Dino-Schwanz ist in ein dichtes, braunes Federkleid gehüllt. Das Wort »Dino-Küken« bekommt unter diesen Umständen eine ganz neue Bedeutung.

Allen Vögeln haftet also etwas Reptilienhaftes an und vielen Reptilien etwas Vogelartiges. Wenn von Dinosauriern die Rede ist, sollten wir, so die Experten, die Vögel stets mitdenken. An Sätze wie den folgenden müssen wir uns also gewöhnen: »Unter den Landvierfüßern sind Dinosaurier hinsichtlich ihrer Körpergröße einzigartig, die von drei Gramm bei Kolibris bis zu 70 000 Kilogramm und mehr bei Sauropoden reicht.« Da auch die Säugetiere

So könnte das noch namenlose Tier ausgesehen haben, dessen Schwanz im Bernstein die Zeiten überdauerte. Schreckliche Echsen? Dieser Dinosaurier war nur spatzengroß und gar nicht furchterregend. Vermutlich war er am ganzen Körper mit Federn bedeckt.

aus einer Tiergruppe entstanden sind, die klassischerweise den Reptilien zugeordnet wird, den sogenannten Therapsiden, ist die Konfusion komplett. Die Grenzen verschwimmen, alte Begrifflichkeiten lösen sich auf – so etwas stößt immer auf starke Beharrungskräfte.

Die moderne Einteilung ist für die meisten Menschen noch immer ungewohnt, obwohl die Begriffe zum Teil schon so alt sind, dass man sich fragt, warum sie uns eigentlich so fremd geblieben sind. Säugetiere und Reptilien inklusive der Vögel fasst die Zoologie heute in der Verwandtschaftsgemeinschaft der »Amniota« zusammen, eine Bezeichnung, die schon vor 150 Jahren von dem großen deutschen Biologen Ernst Haeckel eingeführt wurde. Die Gruppe der Amniota enthält alle Wirbeltiere mit zwei Extremitätenpaaren, deren Fortpflanzung unabhängig vom Wasser geworden ist, ein wichtiger Schritt in der Evolution und die Voraussetzung für eine Besiedlung der Landmassen. Das Amnion, die innere Eihaut, der die Tiergruppe ihren Namen verdankt, ist Teil der Fruchtblase, umgibt den Fötus und bildet das Fruchtwasser.

Für die weitere Einteilung ist die Zahl der Schädelfenster von Belang. Hinter und vor der Augenhöhle entstanden im Laufe der Evolution zusätzliche Öffnungen. Die Kiefermuskulatur erhielt dadurch mehr Platz und die Schädel wurden leichter und flexibler. Schon im Karbon, vor etwa 300 Millionen Jahren, trennten sich zwei Entwicklungslinien der Amniota, von denen eine über reptilienähnliche Vorfahren zu den Säugetieren führte, die andere zu Echsen, Schlangen und den sogenannten Archosauriern, den Herrscherreptilien. Sie besaßen ursprünglich drei Schädelfenster und umfassten neben ausgestorbenen Gruppen wie den Flugsauriern auch die Krokodile und Dinosaurier einschließlich der Vögel. Auch der Begriff »Archosaurier« stammt aus dem 19. Jahrhundert.

Mit der vertrauten und lange üblichen Einteilung der Landwirbeltiere in vier gleichwertige Klassen hat das nicht mehr viel zu tun. Das Organisationsniveau der Reptilien repräsentiert keine geschlossene Abstammungsgemeinschaft, sondern war in Teilen nur eine Art Durchgangsstation für die beiden wichtigsten Wirbeltiergruppen der heutigen Zeit, für Säugetiere und Vögel. Ob das ohne den großen Knall am Ende der Kreidezeit auch so gekommen wäre, muss bezweifelt werden. Zwar waren die Therapsiden, die reptilienartigen Vorfahren der Säuger, von denen man heute über 1000 fossile Arten kennt, zu diesem Zeitpunkt schon lange ausgestorben, die Dinosaurier, die ihnen nachfolgten, hätten aber wohl weitergelebt und würden heute mit den aus ihrer Mitte hervorgegangenen Vögeln zusammen die Erde beherrschen, hätte es diesen gewaltigen Felsbrocken nicht gegeben, der den Weg unseres Heimatplaneten kreuzte. Wir haben keinen Grund, uns darüber zu beklagen, auch wenn nicht wenige den Dinos nachtrauern. Denn ohne ihr Aussterben wären die Säugetiere wahrscheinlich das geblieben, was sie viele Millionen Jahre lang als Zeitgenossen der Dinosaurier waren: flinke, kleine, pelzige Wesen, die nachts Insekten und anderes Kleingetier jagten und sich tagsüber versteckten, um den großen Echsen und ihren spitzschnäbligen Verwandten nicht über den Weg zu laufen.

Interessanterweise scheinen die Dinosaurier vor ihrem Siegeszug in einer ganz ähnlichen Situation gewesen zu sein. Denn wie im Falle der Säugetiere war auch ihr Aufstieg kein Selbstläufer. Er war nicht das Resultat ihrer Überlegenheit in einem harten Konkurrenzkampf, sondern die Folge zweier globaler Aussterbeereignisse, siehe die Grafik auf Seite 126 und 127.

Das größte hatte vor 250 Millionen Jahren an der Grenze zwischen Perm und Trias stattgefunden. Für die Geologen markiert dieser dramatische Einschnitt das Ende des Erdaltertums. Ursache war möglicherweise die Bildung des Sibirischen Trapps, eines sieben Millionen Quadratkilometer umfassenden Gebietes, in dem heute mächtige Schichten vulkanischen Gesteins zu finden sind. Die Fachleute sprechen von einer »magmatischen Großprovinz«. Über viele Tausend Jahre hinweg dürften Vulkanausbrüche mit ihrem massiven Ausstoß an Klimagasen zu einem drastischen Temperaturanstieg und zur Versauerung der Ozeane geführt haben. An Land starben zwei Drittel aller Tierarten, in den Meeren waren es sogar 95 Prozent.

Die wenigen Überlebenden fanden zu Beginn des Erdmittelalters eine von Tieren weitgehend entvölkerte Erde vor. Davon profitierten vor allem die Herrscherreptilien, die Archosaurier. Sie spalteten sich nach der großen Katastrophe in zwei Entwicklungslinien auf. Die eine brachte die Krokodile und ihre Verwandten hervor, die relativ rasch zur vorherrschenden Tiergruppe der ersten Triashälfte heranwuchsen, die andere führte zu den Flugsauriern und über einige Zwischenstadien (Dinosauromorpha) schließlich zu Dinosauriern inklusive der Vögel.

So wie die Säugetiere lange Zeit als kleine Insektenfresser unter der Fuchtel der zum Teil viel größeren Dinosaurier standen, wuselten die ersten Dinos wahrscheinlich als unscheinbare, auf ihren Hinterbeinen laufende Kleintierjäger durch eine Welt, in der mit Knochenplatten bewehrte, riesenhafte Krokodilverwandte das Sagen hatten. Es gab darunter sowohl Fleisch- als auch Pflanzenfresser, die viele Meter lang wurden. Ein in Schottland entdecktes graziles Wesen namens »Scleromochlus«, in dem Forscher einen Urahn von Flugsauriern und Dinos sehen, maß dagegen kaum 20 Zentimeter.

Vielleicht hätte sich an dieser Hierarchie der Echsen nichts mehr geändert, vielleicht wäre die Krokodilverwandtschaft zu noch größeren Exemplaren herangewachsen und wir würden heute keinen Tyrannosaurus, sondern einen Crocodylus rex bewundern, wenn das Trias vor 200 Millionen Jahren nicht mit einem Paukenschlag beendet worden wäre. Dieses zweite Massenaussterben innerhalb von »nur« 50 Millionen Jahren scheint einen sehr ähnlichen Verlauf genommen zu haben wie sein Vorgänger an der Perm-Trias-Grenze. Diesmal lag die Ursache nach Ansicht der Geologen jedoch nicht in Sibirien, sondern im wachsenden Atlantik, in dem zu dieser Zeit eine magmatische Großprovinz von gewaltiger Ausdehnung entstand.

»Der Ozean muss im frühen Jura nach faulen Eiern gestunken haben«, erläutert Bas van de Schootbrugge, Geologe an der Universität Utrecht in den Niederlanden. Der bestialische Gestank, der von den ausgedehnten Flachmeeren in Mitteleuropa und anderswo ausging, war eine Folge der von den Vulkanen ausgestoßenen Schwefelverbindungen und muss riesige Gebiete in Todeszonen verwandelt haben. Schootbrugge und seine Kollegen haben in Sedimenten aus dieser Zeit Schwefelbakterien und Grünalgen identifiziert, die auf einen hohen Schwefelwasserstoffgehalt und massiven Sauerstoffmangel des Wassers hindeuten. Auch der Sauerstoffgehalt der Atmosphäre war auf einen Tiefstand gefallen, und es dauerte fast die gesamte Jurazeit, um ihn auf das heutige Niveau ansteigen zu lassen. Während sich die Ökosysteme an Land schon erholten, blieben die Meere für viele Organismen noch auf längere Zeit unbewohnbar, eine Situation, die natürlich Auswirkungen auf die angrenzenden Küstengebiete der Festländer hatte.

Nahe der Trias-Jura-Grenze hatte die Erde auch mindestens zwei größere Meteoriteneinschläge zu verkraften. Der Rochechouart-Krater in Frankreich mit immerhin 25 Kilometern Durchmesser wurde kürzlich auf ein Alter von 202,8 Millionen Jahren datiert, traf zeitlich also ziemlich genau ins Schwarze. Aber welche Wirkung entfaltete dieser Einschlag? Die Ursachen und die genaue zeitliche Abfolge der Ereignisse sind bei diesen Aussterbephasen noch unsicher – trotz immer besserer Datierungsmethoden. Nur über das Ergebnis besteht Klarheit: Wieder wurden die Ökosysteme der Erde zerstört, wieder spuckten Vulkane Gase, Asche und Magma aus, brannten Wälder, wurden riesige Meeresgebiete zu Todeszonen, verschwanden ganze Tiergruppen.

Es möge uns eine Warnung sein: Alle großen Aussterbeereignisse der Erdgeschichte scheinen mit steigenden Temperaturen und steigendem CO_2-Gehalt der Atmosphäre einhergegangen zu sein. Außer den aquatischen Krokodilen, deren Nachfahren wir heute kennen, schaffte es kein einziger ihrer einst so mächtigen Verwandten bis ins folgende Zeitalter des Jura. Aber der Niedergang der einen ermöglicht immer den Aufstieg anderer. Diesmal machte er den Weg frei für die Dinosaurier, und ihnen war auf Erden wesentlich mehr Zeit vergönnt als ihren unglücklichen Vorgängern. Der Grund dafür ist wahrscheinlich in der besonderen

Art ihrer Atmung zu suchen. In Zeiten, in denen der Luftsauerstoff knapp ist, sind die im Vorteil, die ihn am effektivsten zu nutzen verstehen.

Natürlich ist das zoologische Ordnungs- und Abstammungssystem weiterhin in Bewegung und in Teilen immer wieder heftig umstritten, wie könnte es in der Paläontologie anders sein? Wohin gehören beispielsweise die Schildkröten? Jederzeit könnten neue Fossilienfunde das ganze Gebäude zum Erzittern bringen. Aber der Anspruch ergibt Sinn, auch wenn das Ganze auf Kosten der Übersichtlichkeit geht: Die Tiergruppen und Abstammungsdiagramme sollen die realen Verwandtschaftsverhältnisse widerspiegeln und nicht nur Schubladen im Gebäude der Zoologie sein, in die alles hineinkommt, was ähnlich aussieht oder gebaut ist.

Verzichten wir also im Weiteren auf die Reptilien alter Prägung – so weit es geht. Wir tippen unsere Texte ja auch nicht mehr auf mechanischen Schreibmaschinen. Manchmal kommt der wissenschaftliche Fortschritt nicht in Maschinengestalt, sondern in Form von Konzepten oder Begrifflichkeiten, und das ist kein Grund, ihn nicht ernst zu nehmen, auch wenn er uns mitunter zu umständlichen Erklärungen zwingt. Vögel sind Dinosaurier, auch wenn sie ein eigenes hohes Organisationsniveau erreicht haben, das vorher nicht existierte. Da man aber oft Aussagen über die klassischen Dinos, unter Ausschluss ihrer gefiederten Verwandten, machen möchte, sieht man sich nun zu sprachlichen Verrenkungen gezwungen. Das im Englischen gebräuchliche *non-avian dinosaurs* ist noch zu ertragen, das Deutsche »Nicht-Vogel-Dinosaurier« nur unter Qualen.

Bleibt die Frage: Was machte nun unsere Lieblingsungeheuer aus? Die große Mehrheit der Forscher hält die Dinosaurier (einschließlich der Vögel) heute für eine monophyletische Gruppe, sie ist also davon überzeugt, dass alle Dinosaurierarten aus einer Stammart

Der Berliner Künstler Andreas Greiner hat das Skelett eines gewöhnlichen Hähnchens auf T.-rex-Format vergrößert – ein ungewöhnlicher, aber eindrücklicher Weg, um die nahe Verwandtschaft von Vögeln und Dinosauriern deutlich zu machen.

hervorgegangen sind und das Taxon Dinosauria alle Abkömmlinge dieser Stammart enthält. Das ist keineswegs trivial, denn fast 100 Jahre lang vertraten die meisten Experten eine andere Ansicht. Sie folgten dem britischen Paläontologen Harry Govier Seeley, der 1887 zwei unterschiedliche Entwicklungslinien innerhalb der Dinosaurier beschrieben hatte, die Echsenbeckendinosaurier (Saurischia) und die Vogelbeckendinosaurier (Ornithischia). Zu ersteren, deren Beckenknochen so angeordnet waren, wie man es von anderen Reptilien kennt, zählten die fleischfressende Verwandtschaft des T. rex sowie die Giganten unter den Dinoauriern, die langhalsigen Sauropoden. Die Linie der Vogelbeckendinosaurier umfasste alle anderen Formen, darunter so bekannte Gestalten wie die Entenschnabelsaurier, zu denen Mantells Iguanodon gehört, die gehörnten Ceratopsia, die Stegosaurier und die gepanzerten Ankylosaurier. Beide Gruppen unterschieden sich nach Seeleys Auffassung so grundlegend, dass sie wahrscheinlich von unterschiedlichen Vorfahren abstammten. Spätere Forscher gingen sogar von drei oder mehr unterschiedlichen Ahnen aus, sodass sich die Abstammungsverhältnisse weiter verkomplizierten. »Am Ende«, heißt es in einem großen Standardwerk zur Dino-Kunde, »waren die Dinosaurier nur noch eine Ansammlung großer ausgestorbener Reptilien des Erdmittelalters, die kaum etwas gemeinsam hatten.«

Das änderte sich erst 100 Jahre später, in den 1970er- und 1980er-Jahren, zwei Jahrzehnten, in denen sich eine Art Zeitenwende der paläontologischen Forschung abspielte. Gleich mehrere Wissenschaftler belegten damals mit neuen detaillierten Studien, dass es über alle Unterschiede hinweg eine ganze Reihe von charakteristischen Merkmalen gibt, die bei allen Dinosauriern zu finden sind. Ein gemeinsamer Ursprung lässt sich also sehr wohl begründen. Es liegt in der Natur der Paläontologie, dass es sich dabei ausschließlich um Merkmale des Skeletts handelt, für anatomische Laien ein ausgesprochen trockenes Gebiet.

Tristan Ottos Originalschädel, der aus etwa 50 Einzelknochen besteht – ein Prunkstück, wenn man so will. Kein anderer T.-rex-Fund kann mit einem derart vollständigen und wenig deformierten Schädel aufwarten. Die große Öffnung in der Schädelmitte ist das Antorbitalfenster.

Erinnern wir uns: Innerhalb der Amnioten gehören die Dinosaurier zu den Archosauriern mit ursprünglich drei Schädelfenstern. Hervorzuheben ist vor allem ein mitunter sehr großes vor den Augenhöhlen, das Antorbitalfenster, das sich bei manchen Archosaurier-Gruppen wie den Krokodilen später wieder geschlossen hat. Bei den Dinosauriern war es aber sehr ausgeprägt und bestimmte ihre Physiognomie. Die Ränder dieser Schädelöffnung boten Ansatzflächen für bestimmte Kiefermuskeln, andererseits befand sich hier wahrscheinlich auch einer von mehreren Luftsäcken, die die massiven Köpfe leichter und flexibler machten. An einem Tyrannosaurus-Schädel, wie man ihn heute im Original im Berliner Museum für Naturkunde aus der Nähe bewundern kann, ist dieses

Antorbitalfenster gut zu erkennen. Ein solcher Schädel, der aus mehr als 50 Einzelknochen besteht, ist zwar von imposanter Größe und beachtlichem Gewicht, wirkt gleichzeitig aber überraschend dünnwandig und filigran.

Andere Merkmale finden sich an den Extremitäten. Die äußeren Finger der Dinos sind reduziert und fehlen bei den großen Zweibeinern, den Theropoden, ganz, was zu dem bekannten dreizehigen Fußabdruck des T. rex und seiner Verwandten führt.

Etwa in der Mitte der mächtigen Oberschenkelknochen befindet sich ein mehr oder weniger stark ausgeprägter nach hinten weisender Vorsprung, der sogenannte Vierte Trochanter. Er ist Ansatzstelle mehrerer Muskeln, vor allem des mächtigen Musculus caudofemoralis longus, der sich bis zu den Schwanzwirbeln erstreckt und das Bein während des Laufens nach hinten zieht (s. Kap. 7). Weitere Charakteristika des Dinosaurierskeletts, die unter anderem die Gestalt bestimmter Schädel- und Fußknochen betreffen, sind so speziell, dass wir hier darauf verzichten müssen.

Die Beine waren nicht seitlich abgespreizt, wie man das von Krokodilen und Eidechsen kennt, sondern sie saßen wie bei den Säugetieren unter dem Rumpf und konnten deshalb relativ frei schwingen. Das ermöglichte eine aufrechtere Haltung und erleichterte die Atmung, Voraussetzungen für eine schnellere Fortbewegung und einen im Vergleich zu anderen Echsen höheren Aktivitätspegel.

Darüber hinaus gibt es einige wichtige Kennzeichen, die nicht bei allen Dinosauriern oder auch bei anderen Tiergruppen auftauchen und deshalb für eine sichere Abgrenzung nicht geeignet sind. Dazu gehören zum Beispiel die verwachsenen Wirbel des Kreuzbeins, die für Richard Owen so wichtig waren. Sie tauchen, wenn auch in anderer Form, unter dem Namen Os sacrum auch bei Säugetieren auf und verleihen der Wirbelsäule die Stabilität, die man braucht, um an Land derart schwere Körper zu tragen.

Ist es für Laien schon nicht ganz einfach, einen Dinosaurier nur anhand seiner Knochen von anderen Echsen zu unterscheiden, muss man schon über viel Erfahrung, Wissen und eine gehörige Portion Selbstbewusstsein verfügen, um anhand von Skelettmerkmalen die verschiedenen Dinosauriergattungen auseinanderhalten zu können. Charakteristisch für so gewaltige Tiere wie die Tyrannosaurier ist unter anderem eine aus Laiensicht geradezu absurd nebensächlich wirkende Ausgestaltung bestimmter Knochen in Schädel, Fuß und Becken, ein raues Nasenbein und ein hohes Praemaxillare zum Beispiel. Dieses Zwischenkieferbein, auch »Goethe-Knochen« genannt, trägt die oberen Schneidezähne. T. rex und seine Nichten, Tanten und Onkel verdankten ihm ihre stumpfe Schnauze. Die Zähne, die es trug, saßen enger nebeneinander und waren kleiner als die hinteren. Sie wiesen einen D-förmigen Querschnitt auf und krümmten sich nach innen, um den Kräften zu widerstehen, die hier gewirkt haben müssen, wenn ein Tyrannosaurus Fleisch aus seiner Beute riss. Ein Zahn aus dem hinteren Kieferbereich konnte dagegen bis zu 30 Zentimeter Länge erreichen.

Der Hals der Tyrannosaurier war verkürzt und muskulös, um den riesigen Kopf zu halten, der im hinteren Bereich kastenförmig verbreitert war. Beide Augen wurden dadurch mehr nach vorn ausgerichtet und ermöglichten wahrscheinlich gutes räumliches Farbsehen, die Anpassungen eines Räubers. An der Hand trug die engere T.-rex-Verwandtschaft nur zwei Finger. Wofür die lächerlich kleinen Arme überhaupt gut waren, ist den meisten Forschern ein Rätsel. Kamen sie vielleicht während der Paarung zum Einsatz? So kurz die Arme waren, so lang waren dafür die Beine mit verlängertem Schienbein und Mittelfußknochen, länger als bei irgendeinem anderen zweibeinigen Raubsaurier. Dabei sind die Läuferqualitäten des T. rex wohl eher bescheiden gewesen.

Die Fossilüberlieferung ist notorisch lückenhaft, und vor Irrtümern sind selbst Experten nicht gefeit. An einem Fundort stößt man zum Beispiel auf ein Kieferfragment mit Zähnen, an einem anderen in der gleichen Gesteinsformation auf Wirbel mit Teilen des Beckengürtels. Gideon Mantell wartete Jahrzehnte, bis endlich ein Schädelfragment des Iguanodon auftauchte und seiner Kreatur quasi ein Gesicht verlieh. Aber wie soll man entscheiden, ob getrennt aufgefundene Skelettfragmente zur selben Tierart gehören?

Viele Fundstücke, die aus den gleichen geologischen Formationen und unzweifelhaft aus der Verwandtschaft des T. rex stammten, wurden ursprünglich als neue Arten gewertet und mit eigenen Namen versehen: Aublysodon, Albertosaurus, Dinotyrannus, Deinodon. Heute gelten sie den meisten Forschern als halbstarke Exemplare anderer Tyrannosaurier oder von T. rex selbst. Arten werden umbenannt und von einer Gattung in die nächste verschoben, das gehört zum paläontologischen Alltag, gestern wie heute. So räumt eine im März 2017 in *Nature* veröffentlichte große Studie mit den seit Jahrzehnten als gesichert geltenden Verwandtschaftsbeziehungen zwischen den großen Dinosauriergruppen auf und präsentiert gewöhnungsbedürftige, wenn auch ungewöhnlich gut belegte neue. Das ist selbst für Paläontologen eine radikale Umgestaltung des vertrauten Stammbaumes und birgt viel Konfliktstoff. In seinem Blog *Tetrapod Zoology* stöhnte der bekannte Dino-Forscher Darren Naish, sein gerade erschienenes neues Buch sehe plötzlich furchtbar alt aus.

Wahrscheinlich wäre es uns mit lebenden Dinosauriern genauso gegangen wie mit Hunden und Katzen. Wir hätten sie sofort erkannt und von anderen verwandten Tiergruppen unterschieden, auch ohne ihren Schädel oder andere Teile ihres Skeletts zu präparieren. Im lebenden Tier vereinigen sich verschiedenste Eigenschaften und Fähigkeiten zu einem unverwechselbaren Ganzen, zu Hund, zu Katze oder eben zu einem Dinosaurier.

Manchmal gibt es gar keine Verwechslungsmöglichkeiten. Würde man im Nordamerika der späten Kreidezeit einem zwölf

Meter langen, auf zwei Beinen laufenden Fleischfresser begegnen, könnte man ziemlich sicher sein, einen Tyrannosaurus rex vor sich zu haben, auch ohne seine Finger zu zählen und Zwischenkiefer- und Nasenbein zu untersuchen, was bei lebenden Exemplaren ohnehin keine gute Idee wäre.

Spätestens wenn es zum Äußersten käme, hätte man Gewissheit. Vom Urkrokodil Deinosuchus und dem Riesenhai Megalodon abgesehen gab es im ganzen Erdmittelalter keinen, der so fest zubeißen konnte wie ein T. rex. Mit mehr als 50 000 Newton pro Quadratzentimeter presste er die Kiefer zusammen. Ein Tiger, von dem gebissen zu werden zweifellos auch bleibenden Eindruck hinterlässt, schafft gerade mal 1500.

3 *Dinomania*

*Vor einigen Jahren forderte uns eines Abends beim Essen
jemand auf, unsere Lieblingsthemen der Weltgeschichte in
der Reihenfolge der Wichtigkeit zu nennen.
»Dinosaurier!«, schrie ich.*

RAY BRADBURY

Irgendwann im Leben muss offenbar jeder Mensch eine Weggabe-
lung passieren, an der sich entscheidet, ob er zum ewigen Fan oder
zum Dinosaurier-Ignoranten wird. Robert T. Bakker, einer der ein-
flussreichsten Dinosaurierforscher des letzten Jahrhunderts, ver-
glich die Liebe zum Dino mit einer Kinderkrankheit wie Masern
oder Scharlach. Diese Dinosaurier-Infektion kann harmlos sein
und nach kurzer Zeit abklingen oder auch einen heftigen, nicht selten chronischen Verlauf nehmen, wie im Falle des oben zitierten
amerikanischen Schriftstellers Ray Bradbury. Sein Landsmann
Mark Dion, ein bekannter Installationskünstler, hat 1994 in der
Arbeit *Toys 'R' U. S. (When Dinosaurs Ruled the Earth)* eine solche
Dino-Infektion dokumentiert. Einen besonders schweren Fall.
Betrachtet man Dions Werk, fällt es einem wie Schuppen von den
Augen: Das Zeitalter der Dinosaurier ist keineswegs vor langer
Zeit zu Ende gegangen. Die Riesenechsen herrschen hier und heu-
te, indem sie unsere Kinder befallen.

Es ist eine Infektion, die vor allem Jungs zu schaffen macht.
Mädchen sind widerstandsfähiger. Bildliche Darstellungen – ob
Lithografie oder Computeranimation – zeigen Saurier in der Re-
gel als blutrünstige Monster, die mit Mäulern voller furchterre-

gender Zähne auf Beute lauern, sich brüllend auf sie stürzen und sie dann zerfleischen. Das ist nicht jedermanns Sache, und die der meisten Frauen und Mädchen schon gar nicht.

Trotzdem – es gibt auch bei ihnen schwere Krankheitsverläufe, die ein ganzes Leben prägen. »Kuratorin für Fossile Reptilien, Fossile Vögel und Ichnofossilien« des Berliner Museums für Naturkunde ist mit Dr. Daniela Schwarz eine Frau, die in dieser Funktion unter anderem für das größte Saurierskelett der Welt verantwortlich ist, den berühmten Brachiosaurus, der gar kein Brachiosaurus mehr ist, weil er sich, genau betrachtet, von eben diesem unterscheidet und deshalb, von der Öffentlichkeit fast unbemerkt, auf den schönen Namen »Giraffatitan« umgetauft wurde. In der Obhut von Frau Schwarz befindet sich auch das schönste Exemplar der seltenen Archaeopteryx-Urvögel und neuerdings sogar, wenn auch nur vorübergehend, Tristan Otto, ein prachtvoller Tyranno-

»Toys ‚R'U.S. (When Dinosaurs Ruled the Earth)« heißt diese Installation des US-amerikanischen Künstlers Mark Dion aus dem Jahr 1995.

saurus, dessen Zähne gerade von einer jungen Doktorandin unter die Lupe genommen wurden. Und die beiden sind nicht die einzigen Frauen in diesem Geschäft. Denn, um nur ein prominentes Beispiel zu nennen, wer tauchte ihren schlanken Arm in den Riesenhaufen dampfenden Triceratops-Kots, um nach Ursachen für den spektakulären Durchfall des armen Tieres zu suchen? Richtig, Dr. Ellie Sattler, die junge, blonde Paläobotanikerin, gespielt von Laura Dern, die während des ganzen *Jurassic-Park*-Films immer nur in knappen Shorts zu sehen ist.

Liegt es an den Umständen der ersten Begegnung, wie man sich an dieser Wegkreuzung entscheidet? Wovon hängt ab, welchen Verlauf die Dino-Krankheit nimmt?

Kehren wir ein letztes Mal zurück ins England des 19. Jahrhunderts, in eine Zeit, als Paläontologie noch Männersache war, von Mary Anning natürlich abgesehen, die aber 1847 im Alter von nur 47 Jahren an Brustkrebs starb und die Ereignisse, um die es nun gehen soll, nicht mehr miterlebte.

Wir schreiben das Jahr 1851 und in London gab es nur ein Gesprächsthema: die *Great Exhibition*, die erste Weltausstellung im Hyde Park und das gigantische Ausstellungsgebäude, das man dort nach Plänen des Gartenarchitekten Joseph Paxton gebaut hatte, ein Glaspalast mit einer Grundfläche von etwa 80 000 Quadratmetern, 563 Meter lang, 124 Meter breit und so hoch, dass einige alte Parkbäume darin Platz fanden. Die Eröffnung war für alle Anwesenden ein unvergessliches Erlebnis. Ein halbe Million Menschen strömten in den Hyde Park, darunter auch, trotz seiner schweren Behinderung, Gideon Mantell, der während der kommenden Monate mehrfach wiederkam, um die »wundervollste Ausstellung« zu besuchen, »die die Welt jemals gesehen hat«. Tausende von Kutschen sorgten für ein Verkehrschaos. Sogar Queen Victoria erlebte die Eröffnungszeremonie und ihren Auftritt im Palast als »sehr bewegend«. Der 1. Mai 1851, der Eröffnungstag der Londoner Industrieausstellung, war »der glücklichste, stolzeste Tag meines Lebens«, erklärte sie später.

Nachdem die Ausstellung im Oktober 1851 ihre Pforten geschlossen hatte, wurde das riesige Ausstellungsgebäude demontiert und 1854 einige Kilometer entfernt, auf dem Penge Peak nahe Sydenham Hill, einer der höchsten Erhebungen Londons, in etwas veränderter und vergrößerter Form wieder aufgebaut. Hier verlieh der *Crystal Palace* einem ganzen Stadtteil und sogar einem Fußballverein seinen Namen und bildete den spektakulären Mittelpunkt eines neu entstehenden Parks, in dem lebensgroße Nachbildungen ausgestorbener Tiere zu sehen waren, weltweit die ersten ihrer Art. Der bekannte Bildhauer Benjamin Waterhouse Hawkins hatte den Auftrag bekommen, 33 Tierskulpturen zu schaffen und auf den Inseln eines künstlichen Sees zu platzieren. Zuerst hatte er nur an Säugetiere gedacht, an Mammuts und Riesenhirsche, entschied dann aber, dass auch Dinosaurier dazugehören sollten.

Das gewaltige Glasgebäude ist schon lange verschwunden. Ein Feuer zerstörte den *Crystal Palace* im Jahr 1936. Aber die Saurier aus Zement, Ziegeln, Bruchsteinen und Eisen sind im Park noch immer zu sehen, nach einer gründlichen Renovierung im Jahr 2002 sogar so unversehrt wie am ersten Tag: Im Wasser tummeln sich steinerne Abbilder von Mary Annings Entdeckungen, von Plesiosauriern und Fischechsen. Auf einem Felsen hocken langschnäblige Pterodactylen. An Land räkeln sich zwei zehn Meter lange Iguanodons, ein Megalosaurus nähert sich und ein Hylaeosaurus scheint unter der Last seiner Stacheln fast zusammenzubrechen. Gut anderthalb Jahrhunderte nach ihrer Entstehung künden diese Dinosaurierskulpturen noch immer davon, wie sehr der wissenschaftliche Berater des Künstlers seinerzeit danebenlag.

Mitunter wünschte man sich in diese Zeit zurück, um das ungläubige Staunen der Menschen mitzuerleben, um ermessen zu

Ein Blick in das Studio von Benjamin Waterhouse Hawkins (1807–1894) in Sydenham, wo die berühmten Dinosaurier-Skulpturen für den Londoner Crystal Palace Park schon Gestalt angenommen haben.

können, was die Entdeckung dieser Tiere für sie bedeutete. Heute sind uns viele Dinosaurier so vertraut wie die im Grunde nicht weniger außergewöhnlichen Gestalten eines Nashorns oder Elefanten, damals waren sie für die meisten Menschen eine Stein gewordene Ungeheuerlichkeit.

Wie haben diese Riesentiere ausgesehen? Schon Mitte des 19. Jahrhunderts war das ein umstrittenes Thema. Man kannte nur wenige Dinosaurierarten oder besser gesagt: Man kannte einige ihrer Knochen, besaß aber kein einziges auch nur annähernd vollständiges Skelett – wie sollte man da wissen, mit welcher Art Tier man es überhaupt zu tun hatte? Das Ganze war ja ohnehin absurd und kaum zu glauben. Gut, im Meer lebten mit den Walen noch gewaltigere Lebewesen. Aber an Land? Hässliche Echsen, schuppig und kalt und von atemberaubender Größe. War das ein Scherz des Schöpfers? Und warum waren sie verschwunden? Waren sie, wie manche ernsthaft mutmaßten, schlicht zu groß für Noahs Arche gewesen?

Wäre Gideon Mantell der Berater von Benjamin Waterhouse Hawkins gewesen, hätten zumindest die Iguanodons eine andere Gestalt bekommen. Die Crystal Palace Company hatte ihn sogar gefragt, ob er die Leitung der ersten lebensgroßen Rekonstruktion von Dinosauriern übernehmen wolle, und sicher hätte er diese Aufgabe liebend gern übernommen. Es wäre für ihn die Krönung seiner jahrzehntelangen Arbeit gewesen, eine große Ehre, Anerkennung seiner Verdienste und Labsal für die Seele. Aber die Anfrage kam zu spät. Seine desolate gesundheitliche Verfassung ließ eine solche Arbeit nicht mehr zu. Nichts half gegen seine entsetzlichen Schmerzen, die Nächte waren eine einzige Tortur.

»Ich bin zu nichts mehr nütze.« Er hatte sich aufgegeben. Den Auftrag der Company bekam ... Richard Owen.

Kurz darauf starb Gideon Mantell an einer Überdosis Schmerzmittel, und die Auseinandersetzung zwischen ihm und seinem Widersacher fand ein geradezu makabres Ende. Denn bei der Obduktion wurde seine extrem deformierte Wirbelsäule entnommen und in Alkohol eingelegt. Man mag es kaum glauben, aber ein Teil von ihm endete als medizinisches Demonstrationsobjekt ausgerechnet in der Sammlung des Royal College of Surgeons, der Wirkungsstätte von Richard Owen.

So blieb ihm wenigstens Owens Triumph erspart, der mittlerweile mit Prinz Albert verkehrte, dem Gemahl der Königin, und anderen hohen Würdenträgern. Er musste die euphorische Berichterstattung über das berühmte Dinner nicht ertragen, das am Silvestertag des Jahres 1853 in einer der riesigen, tonnenschweren Dinosaurier-Hohlformen stattfand, die Hawkins in seinem Studio nach Owens Vorgaben anfertigte. Acht Gänge, eine festlich gedeckte Tafel, mehr als zwanzig geladene Gäste der Londoner Gesellschaft, umgeben von riesigen Urtierskulpturen, rosa und weiße Brokatbahnen, die zeltartig um den Bauch des Iguanodons aufgespannt waren, Zeichner der *Illustrated London News*, die diesen besonderen Moment festzuhalten versuchten – sage noch jemand, die Menschen hätten sich damals nicht darauf verstanden, effektvolle Events an außergewöhnlichen Locations zu zelebrieren. Es wurde getrunken und gesungen. »Der brüllende Chor war so lautstark und enthusiastisch«, berichtete Hawkins, »dass man fast glauben konnte, dort röhrte eine Herde Iguanodonten!«

Die Presse steigerte die Vorfreude auf die Eröffnung. »Saurier, Pterodactylen, ihr alle!«, triumphierte die *London Quaterly Review*. »Habt ihr euch jemals (…) von einer Rasse träumen lassen, die auf euren Gräbern wohnt und in euren Geistern diniert?«

Nur sechs Monate später wurde die Eröffnung gefeiert, mit 40 000 Besuchern, mit Queen Victoria, dem französischen Kaiser und dem König von Portugal, um nur die wichtigsten Würdenträger zu nennen. Die Begeisterung über die ersten lebensgroßen Dinosaurier-Rekonstruktionen kannte keine Grenzen. W. J. T. Mitchell spricht zutreffend von »der ersten öffentlichen Wiederbelebung der Dinosaurier«. Mit den Skulpturen verließen die Dinosaurier endlich die Museen und staubigen Knochenkeller und traten vor die staunend aufgerissenen Augen der Menschen. Hunderttausende sollten in den kommenden Monaten in den Park strömen, die Presse feierte die steinernen Echsen als Meisterwerke, die erste »Dinomanie« der Geschichte nahm ihren Lauf.

Nur auf Grundlage einiger Knochen hatten Hawkins und Owen, der Newton der Naturgeschichte, ihnen endlich eine Gestalt gegeben, eine Rekonstruktion, wie sie noch nie zuvor versucht worden war. Hawkins wurde gebeten, ähnliche Skulpturen auch für den Central Park New Yorks zu entwerfen, ein Vorhaben, das allerdings nie realisiert wurde, weil ein zutiefst religiöser und korrupter Politiker die bereits fertiggestellten Skulpturen in Hawkins' Atelier von bestellten Schlägern zerstören ließ, vielleicht weil ihm, so Dworsky, »die darwinistische Ausrichtung der Szenerie« nicht passte.

Die Skulpturen blieben also zunächst eine exklusiv britische Errungenschaft, die Idee des Dinosaurierparks aber hat heute im großen Maßstab überall in der Welt Nachahmer gefunden. Das also waren die Geschöpfe, die Gott als ideale Bewohner der primitiven Erde geschaffen hatte. Überwältigend! Endlich bekam man eine Vorstellung von ihrem Aussehen – leider eine falsche.

Richard Owen hatte die gewaltigen Dimensionen, die Gideon Mantell dem Iguanodon zugeschrieben hatte, erheblich zurechtgestutzt und kam der Wahrheit damit erheblich näher. Doch das galt bei Weitem nicht für alles, was er aus den versteinerten Knochen lesen zu können glaubte.

Mantell war 1849 nach sorgfältigen Untersuchungen zu dem Schluss gekommen, dass die Vorderbeine des Iguanodons deutlich schwächer ausgeprägt waren als die hinteren Gliedmaßen. Seiner Ansicht nach konnte das gewaltige Tier auf den Hinterbeinen stehen, um mit den Vorderextremitäten nach Baumästen zu greifen und sie abzuweiden.

So präsentieren sich die von Hawkins nach den Vorgaben Owens ange-
fertigten Dinosaurier-Skulpturen im Crystal Palace Park nach ihrer Sanie-
rung. Zu sehen sind die beiden Iguanodons. Von rechts, außerhalb des Bil-
des, pirscht sich ein Megalosaurus heran.

Owen hatte diese Idee Mantells jedoch ignoriert und aus den drei
Dino-Arten massige, plumpe Kreaturen gemacht, die an Rhinozerosse oder Nilpferde erinnerten, statt Fell aber Schuppen besaßen.
Eine Zeichnung aus dem Führer zum Kristallpalast verdeutlichte
am Beispiel des Megalosaurus, auf wie wenigen Knochenfunden
diese geniale Rekonstruktion beruhte. Nach Owens Auffassung
hatte man es mit den höchstentwickelten Reptilien zu tun, die es
je auf der Erde gegeben hatte, Kriechtiere im eigentlichen Sinne
aber waren sie nicht mehr. Vier stämmige Beine saßen unter ihrem
Rumpf und stemmten ihn hoch über den Boden. Alexis Dworsky
weist darauf hin, dass diese Gestaltgebung nicht nur Owens Vorgaben entsprach, sondern auch konstruktionsbedingt war. Denn
die Standbilder waren nicht aus Stein gehauen oder aus Metall

gegossen, sie bestanden aus »Ziegeln, Mörtel und Eisen. Ihr Bau glich eher dem kleiner Häuser denn dem herkömmlicher Skulpturen.« Heraus kamen Gestalten, die das Bild der Dinosaurier in der Öffentlichkeit für Jahrzehnte entscheidend prägten.

Bis zum 28. Februar 1878, dem Tag, an dem zwei belgischen Bergarbeitern im wallonischen Bernissart nahe der französischen Grenze eine sensationelle Entdeckung gelang, die die Gattung Iguanodon in einem neuen Licht erscheinen ließ. In einer Kohlemine, 322 Meter tief unter dem Erdboden, stießen die Männer auf Fossilien, so groß, dass sie sie erst für versteinerte Baumstämme hielten. Bald stellte sich aber heraus, dass man auf Dinosaurierknochen gestoßen war, und nicht nur das – die beiden Männer hatten ein Massengrab entdeckt. Knochen von mindestens 31 meist erwachsenen Individuen wurden hier während der kommenden Jahre geborgen, ein bis heute einmaliger Fund. Er bewies, dass beide falsch gelegen hatten, sowohl Owen als auch Mantell, wobei letzterer der heutigen Vorstellung deutlich näher gekommen war. In einer Kapelle des Palastes von Charles von Lorraine wurde eines der Skelette aufgestellt und später in einem Innenhof des Palastes der Öffentlichkeit präsentiert. Die Knochen hatte man an längenverstellbaren Seilen befestigt. Diese Aufhängung erlaubte es, das Tier in seiner, wie man glaubte, natürlichen gleichsam dreibeinigen Haltung zu zeigen: aufrecht auf beiden Hinterbeinen stehend und gestützt auf einen kräftigen Schwanz, eine Körperhaltung, die etwa auch die imposante lebensgroße Skulptur vor dem Eingang des Berliner Aquariums zeigt. Wieder prägte eine Rekonstruktion für Jahrzehnte, wie die Öffentlichkeit sich einen Dinosaurier vorzustellen hatte. Fast 100 Jahre vergingen, bis auch diese quasi Mantell'sche Sicht des Iguanodons als falsch erkannt wurde.

Nach den spektakulären Funden in Belgien stellte sich auch heraus, dass ein hornartiges Gebilde, das Owen und Mantell in seltener Einigkeit wie bei einem Rhinozeros vorn auf dem Schä-

In einer Kirche wurden die im belgischen Bernissart gefundenen Iguanodons aufgestellt, hängend an längenverstellbaren Seilen, damit man sie in aufrechter Haltung präsentieren konnte. Beaufsichtigt wurde das Ganze von dem in Frankreich geborenen Paläontologen Louis Dollo.

del platziert hatten – wo sonst? –, in Wirklichkeit zu einem ganz anderen Körperteil des Iguanodons gehörte. Es war der zu einer gefährlichen Stichwaffe modifizierte Daumenknochen des Tieres. In der Paläontologie können eben auch Knochen ihren Platz wechseln. Ein Daumendorn, so dick wie eine Bratwurst – darauf muss man erst einmal kommen.

Bilder und Skulpturen, bewegte wie unbewegte, sind für das Verhältnis von Echsen und Menschen von entscheidender Bedeutung gewesen, denn begegnen konnten sich diese beiden sehr unterschiedlichen Lebewesen ja nie, auch wenn ein paar unbelehrbare Verschwörungsfanatiker, die die gesamte Paläontologie für einen Riesenschwindel halten, dies glauben.

Es lohnt sich daher, einen genaueren Blick in diese Paläobilderwelt von Dinosauriern und anderen Reptilienriesen zu werfen. In ihr mischen sich wissenschaftlich gesichertes Wissen, Imagination und Fantasie auf untrennbare Weise, von Anfang an aber haben bildliche Darstellungen die »harte« Wissenschaft begleitet und prägende Eindrücke hinterlassen. »Die Paläontologie war immer untrennbar mit der Kunst verbunden«, stellt die US-amerikanische Kunst- und Wissenschaftshistorikerin Jane Davidson fest. Menschen wollen sich ein Bild von diesen unglaublichen Kreaturen machen. Und meist sind es diese Bilder, im besten Fall von zeitgenössischen Künstlern nach dem jeweiligen Stand des Wissens angefertigt, die sich in den Köpfen und Herzen der Menschen festgesetzt haben, nicht das, was die Fachleute von den Riesenechsen wirklich in der Hand haben, die nackten Knochen, Skelette, Eigelege und – erstaunlich genug – Fußspuren. Wenn wir Menschen uns auf Dinosaurier beziehen, beziehen wir uns also immer auch ein bisschen auf uns selbst. Zweifellos kommen moderne Darstellungen der lebendigen Realität dieser Kreaturen näher als die alten, von Hawkins' Londoner Kreationen ganz zu schweigen. Ob die Riesenechsen aber wirklich so waren, wie wir sie uns vorstellen und einige Künstler und Computeranimateure sie uns zeigen, wissen auch wir nicht.

Die ersten Dinosaurierbilder entstanden bereits Anfang des 19. Jahrhunderts, nur wenige Jahre nach Entdeckung der großen fossilen Reptilien. Um die Schwere der Aufgabe zu ermessen und ein wenig Verständnis für die Resultate aufzubringen, muss man sich vor Augen halten, wie wenig damals über diese Wesen und ihre Lebensumstände bekannt war. Die Geologie steckte noch in den Kinderschuhen, von einer wissenschaftlichen Paläontologie konnte kaum die Rede sein und Fossiliensucher hatten erste Knochen im Süden Englands gerade erst entdeckt: zwei wasser- und zwei landlebende Riesenechsen, alles in allem eine noch sehr übersichtliche Biodiversität.

Von den beiden landbewohnenden Spezies, den Dinosauriern, gab es nur wenige Skelettfragmente, darunter Bruchstücke staunenswerter Oberschenkelknochen, die an Größe alles übertrafen, was man sich bis dahin hatte vorstellen können. Doch einen Schädel dieser Landechsen oder zumindest Teile davon hatten die frühen Forscher lange Zeit nicht vorzuweisen, deshalb blieben die Tiere gewissermaßen gesichtslos. Es gab nur einige in Größe und Form ziemlich außergewöhnliche Zähne. Sie wiesen eine der beiden Arten, den Megalosaurus, als Fleischfresser, die andere zweifelsfrei als friedlichen Pflanzenfresser aus, obwohl das für eine Eidechse, egal, wie groß, sehr ungewöhnlich war.

Und was taten diese beiden Riesen in der Fantasie von Künstlern und Literaten? Na klar, sie kämpften miteinander und massakrierten sich gegenseitig, und das nicht in irgendeiner abgelegenen Weltgegend. Nein, all das hatte sich einmal auf dem Boden des heute so idyllischen Südenglands abgespielt. Für viele Menschen war das nur schwer zu begreifen.

Die Urzeitwesen müssen gewaltig gewesen sein, besonders das Iguanodon, der Pflanzenfresser. Da bei der Größenabschätzung anfangs die Proportionen heute lebender Reptilien zugrunde ge-

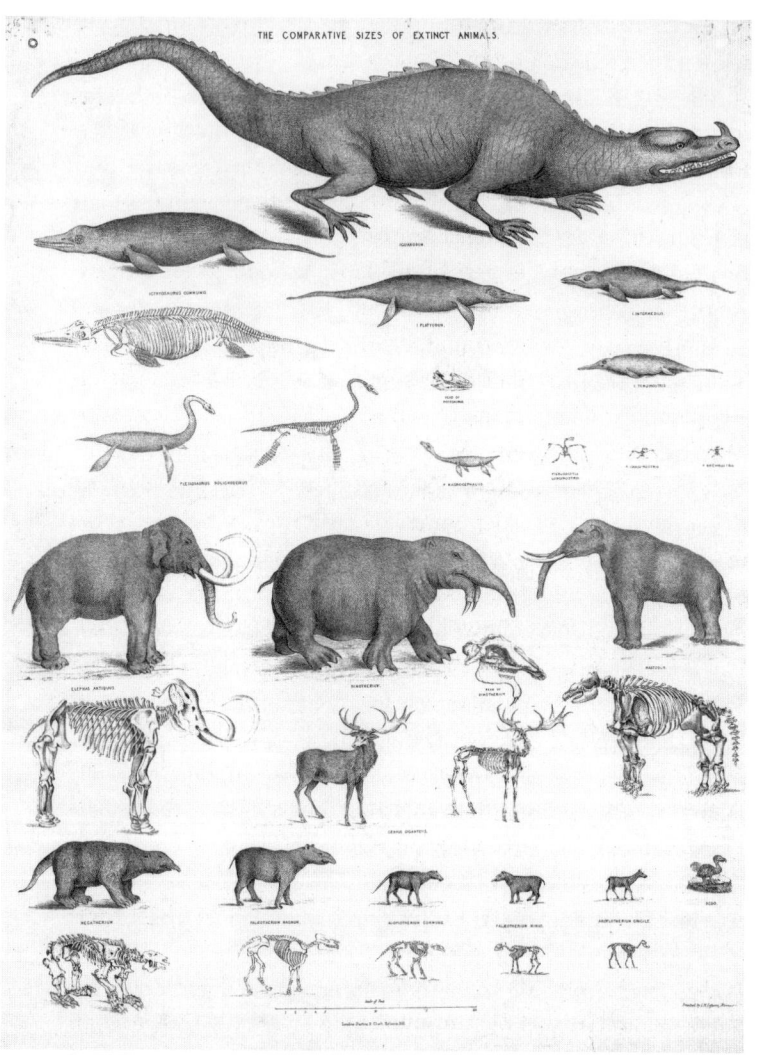

THE COMPARATIVE SIZES OF EXTINCT ANIMALS.

Eine Wandkarte aus dem Nachlass von William Buckland, die vergleichend die Größe einiger ausgestorbener Tierarten zeigt. Man beachte das ganz oben dargestellte Iguanodon, das damals auf eine Länge von bis zu 60 Metern geschätzt wurde. Heute geht man von maximal 10 bis 13 Metern aus.

legt wurden, errechnete man anhand der größten gefundenen Knochen eine Körperlänge von bis zu 200 Fuß, etwa 60 Meter – und für Kreaturen dieses Kalibers scheint die menschliche Vorstellungskraft eben nur eines hervorzubringen: ein archaisches Fressen und Gefressenwerden.

»Der Urzeit wilder Drachenstamm, der sich zerfleischt in seinem Schlamm«, schrieb der berühmte britische Dichter Alfred Tennyson im Jahr 1850 (in »In Memoriam«). Sicher kannte er das 20 Jahre zuvor entstandene Aquarell des britischen Geologen Henry Thomas de la Bèche, eine der ersten und berühmtesten Darstellungen urzeitlichen Lebens. Die enge Zusammenarbeit von Paläontologen und Illustratoren sollte im weiteren Verlauf des 19. Jahrhunderts zur Regel werden, viele Wissenschaftler waren aber, wie de la Bèche, selbst Künstler. Sein Bild *Duria Antiquior – A more Ancient Dorset* war der erste Versuch, einen untergegangenen Lebensraum, das Meer vor Englands Südküste zu Zeiten des Jura, mit der ganzen Vielfalt seiner Bewohner darzustellen. Es wurde oft kopiert und einige seiner Details dienten anderen Künstlern als Vorbild. Die Wasserfontäne, die de la Bèche einen der Ichthyosaurier ausstoßen lässt wie ein Wal seinen Blas, wurde quasi zu einer Art Markenzeichen der Fischechsen, das sich auf vielen später entstandenen Darstellungen wiederfindet. Niemand hatte damals allerdings eine auch nur ungefähre Vorstellung davon, wie lang die im Bild dargestellte Epoche eigentlich zurücklag.

De la Bèche habe »alles in eine Zeichnung gebracht«, erläuterte der deutsche Geologe Leopold von Buch, »auf welcher die meisten der neu entdeckten Geschöpfe im lustigen Treiben dargestellt sind, wie sie alle ihrer Bestimmung nachgehen, nämlich sich gegenseitig zu fressen«. Das traf natürlich besonders auf die großen Reptilienarten zu, die sich auf dieser wie auf vielen späteren Darstellungen massiv angingen. Hier sieht man den Flugsaurier Pterodactylus, der sich seine Beute aus dem Wasser schnappte, vor allem den bis zu acht Meter langen Ichthyosaurus und den wie eine Mischung aus Schlange und Schildkröte aussehenden Plesiosaurus, im Kampf ums Überleben.

Für uns Heutige, die wir von einer wahren Saurier-Bilderflut überschwemmt werden, mutet *Duria Antiquior* fast wie eine Karikatur an, wir sollten uns aber davor hüten, seine Wirkung und Bedeutung zu unterschätzen. De la Bèches Kunstwerk und andere vergleichbare Bilder waren für die Betrachter der damaligen Zeit das, was *Jurassic Park* und Fernsehdokumentationen wie *Walking with Dinosaurs* für uns waren, ein Augenöffner, der die Menschen staunen ließ und sicher für viel Gänsehaut sorgte. Es waren die Bilder, die die Faszination und das Interesse für urzeitliche Welten von einer kleinen Gruppe mehr oder weniger verschrobener Spezialisten hinaus in die Öffentlichkeit transportierten, nicht die akademischen Texte.

Reproduktionen von *Duria Antiquior* werden noch heute fast 200 Jahre nach seiner Entstehung, vom National Museum of Wales verkauft. Das Bild ist daher auch eines der frühesten Beispiele für »eine paläontologische Illustration als kommerzielle Kunst«. Denn William Buckland und andere hatten von de la Bèches Original sofort Farblithografien anfertigen lassen, um mit dem Verkaufserlös die Not leidende Mary Anning und ihre Familie in Lyme Regis zu unterstützen.

Eine dieser Kopien muss damals in die Hände von Leopold von Buch in Berlin gelangt sein, einem Studienfreund von Alexander von Humboldt. Und der renommierte Geologe war so begeistert, dass er das Bild kurz darauf benutzte, um einem interessierten bürgerlichen Publikum die neuesten Erkenntnisse seiner englischen Kollegen zu erläutern. Die oben zitierte Äußerung über »das lustige Treiben« der Meeresreptilien fiel nämlich am 5. Februar 1831 vor den Mitgliedern der Berliner Gesellschaft der Freunde der Humanität, also nur wenige Monate nachdem de la Bèche das

Duria Antiquior – A more Ancient Dorset, von dem Geologen Henry de la Bèche, entstanden 1830, die berühmte erste bildliche Rekonstruktion eines Lebensraums des Erdmittelalters samt seiner Flora und Fauna. Unverkennbar sind die von Mary Anning entdeckten Fisch-, Plesio- und Pterosaurier.

Bild gemalt hatte. Titel des Vortrags: »Bemerkungen über ein Bild, welches die Urzeit vorstellt.«

Von Buch zeigte sich damit auf der Höhe seiner Zeit, denn die bildliche Darstellung prähistorischer Szenarien entwickelte sich im Verlauf des 19. Jahrhunderts zu einem gern genutzten und »machtvollen Hilfsmittel der Popularisierung«. Das Thema beschäftigte die Menschen nicht erst, als Charles Darwin mit seiner Theorie der Evolution die Bildfläche betrat. Schon Jahrzehnte früher waren die erdgeschichtlichen Vorträge von Gideon Mantell im englischen Seebad Brighton ein gesellschaftliches Großereignis gewesen und wurden von vielen Hundert Menschen besucht. Sicher stützte auch er sich dabei auf Abbildungen wie *Duria Antiquior*.

Sogar Charles Dickens ließ in seinem Roman *Bleak House*, der zu den bedeutendsten britischen Romanen gezählt wird, einen Dinosaurier auftreten, wenn auch nur im Geiste und bei scheußlichstem Novemberwetter: »So viel Schmutz in den Straßen, als ob die Wasser des Himmels sich eben erst von der neu geschaffenen Erde verlaufen hätten und es gar nicht verwunderlich wäre, wenn man einem vierzig Fuß langen Megalosaurus – ein Elefant unter den Eidechsen – begegnete, wie er gerade Holborn Hill hinaufwatschelt.« Nur weil auf diesem Gebiet damals einige der wichtigsten Schlachten der Wissenschaft geschlagen wurden, konnten Anatomen wie Sir Richard Owen und sein kontinentaleuropäisches Pendant Baron Georges de Cuvier zu derart überragenden Persönlichkeiten heranwachsen. Sie dominierten das wissenschaftliche Leben ihrer Zeit. Im 20. Jahrhundert wäre das undenkbar gewesen. Und sogar Owen und Cuvier waren sich nicht zu schade, selbst zum Zeichenstift zu greifen.

»Es gibt keine Paläontologie ohne Bilderwelt«, resümiert die Kunst- und Wissenschaftshistorikerin Jane Davidson. »Die Paläontologie und ihre Illustrationen entwickelten sich gemeinsam. (...) Ich glaube, dass viele der einzigartigen Charakteristika paläontologischer Illustrationen ihren Ursprung in den Techniken der Renaissance und im Barock des 17. Jahrhunderts haben.« Damit meint sie vor allem die Genauigkeit der Darstellungen, ihren »Realismus und ihre Sorgfalt im Detail«.

So weit die formal-künstlerische Seite. Aus biologischer Sicht fällt die Bilanz nicht ganz so positiv aus. Der Macht der Bilder hat die Wissenschaft wenig entgegenzusetzen. Kunsthistoriker, die sich die Wechselwirkung zwischen Wissenschaft und Kunst im 19. Jahrhundert genau angesehen haben, kamen zu dem Schluss, dass »es eher die Rekonstruktionen waren, die den Ton für die Wissenschaft vorgaben, als andersherum«.

Verständlicherweise steht und stand für die Künstler – unabhängig von der Darstellungsform – vor allem ein möglichst spannungsgeladener und dynamischer Bildinhalt im Vordergrund und erst in zweiter Linie der realistische Blick auf die Tierwelt des Erdmittelalters. Und Spannung kommt auf, wenn Raubsaurier hungrig durch die Gegend streifen, nicht wenn gigantische Sauropoden sich träge ganze Baumkronen einverleiben und stundenlang vor sich hin mampfen. Hätte man einen Film wie *Jurassic Park* mit einem Brontosaurus oder Stegosaurus als tierischen Helden drehen können? Wohl kaum. Von Anfang an zeigten die Darstellungen urzeitlichen Lebens deshalb vor allem Jagd- und Kampfszenen mordlustiger Bestien, ob zu Lande oder zu Wasser, monströse Ungeheuer, die nichts anderes zu tun hatten, als in ihrem »lustigen Treiben« zähnefletschend übereinander herzufallen.

Die bedauernswerten Künstler hatten nur ein paar Knochen und sollten daraus nun Abbilder gänzlich unbekannter Wesen schaffen. Was lag da näher, als sich an Altbekanntes anzulehnen, an Kreaturen, die nicht nur den Künstlern, sondern vor allem ihrem Publikum vertraut waren? Für den Kunsthistoriker Martin Rudwick stehen diese Darstellungen in einer langen künstlerischen Tradition, »repräsentiert durch zahllose Gemälde, die den Kampf des Heiligen Georgs mit dem Drachen zeigen«. Die mythischen Drachen und die Riesen der Vorzeit kamen sich näher und wurden eins. Sogar Fachleute wie Gideon Mantell und der sonst so pingelige Richard Owen, der sich sehr kritisch mit angeblichen Sichtungen von riesigen Seeschlangen auseinandersetzte, sprachen im Zusammenhang mit Sauriern von »Drachen«. Sie taten dies ganz bewusst, weil es der Popularisierung ihrer Ideen nur dienlich sein konnte, wenn die Menschen diese Verbindung herstellten.

Einer, der in seinen Bildern immer wieder apokalyptische Szenen der Zerstörung darstellte und zu großer Popularität gelangte, war der englische Maler und Grafiker John Martin (1789–1854). Er führte den Menschen *Das jüngste Gericht* vor Augen, *Die Zerstö-*

Einer der ersten Romane, in denen Dinosaurier eine wichtige Rolle spielten, war *The Lost World* (deutsch: *Die verlorene Welt*) von dem Sherlock-Holmes-Erfinder Arthur Conan Doyle, erschienen im Jahr 1912. Hier das Plakat der Verfilmung von 1925. Verantwortlich für die Tricks war Willis O'Brien, der Jahre später auch in der Produktion von *King Kong und die weiße Frau* mitwirkte.

rung Herculaneums und *Die Zerstörung von Sodom und Gomorrha.* Als er sich später Darstellungen der Urzeit zuwandte, blieb er seinem Stil treu und verwandelte die Welt der Vorzeit in ein düsteres Schlachtfeld, auf dem jeder jeden bedrohte und bekriegte. Auch seine Dinosaurier waren beißwütige Bestien und die Welt, in der sie lebten, eine Hölle. Da Martin als »Maler des Erhabenen« weit über Englands Grenzen hinaus bekannt war, dürften seine Bilder von großer Wirkung gewesen sein. Wer kann sagen, wie viele Menschen von furchtbaren Albträumen im Stil John Martins heimgesucht wurden?

Noch Jahrzehnte später riefen derartige Darstellungen ein Echo in anderen Kunstformen hervor. Der Sherlock-Holmes-Schöpfer Sir Arthur Conan Doyle erzählte in seinem mehrfach verfilmten Roman *Die verlorene Welt* (*The Lost World*, 1912) von Menschen, die auf einem Tafelberg im südamerikanischen Dschungel auf eine prähistorische Tier- und Pflanzenwelt stoßen. Die Szene liest sich wie eine Beschreibung der im 19. Jahrhundert üblichen höllenähnlichen Urzeitdarstellungen: »Dieser Ort war an sich schon unheimlich genug; seine Bewohner jedoch machten ihn vollends zu einer Szenerie aus Dantes *Inferno*. (...) Von dieser krabbelnden Masse widerlicher Reptilien kam der abstoßende Lärm und ein höllischer, ekelhaft muffiger Gestank erfüllte die Luft.« Den Helden in Edgar Rice Burroughs' *The Land That Time Forgot* (1918) bietet sich ein ähnlicher Anblick: »Es war ein buntes Sammelsurium von Schreckensgestalten: groß, hässlich, grotesk, monströs, (...) ein mesozoischer Albtraum.«

Einen derart schlechten Ruf wird man so schnell nicht wieder los, zumal in der Zwischenzeit etliche Riesenreptilien entdeckt wurden, gegen die sich Englands erste Echsen als paläontologische Schoßhündchen ausnahmen, allen voran natürlich der Tyrannosaurus rex, die Bestie schlechthin, den um die Jahrhundertwende in den USA entdeckten »König« der späten Kreidezeit.

Ungeheuer oder Bestien waren die Riesenechsen vom Moment ihrer Entdeckung an, und Monster sind sie bis heute geblieben, auch wenn sie äußerlich kaum noch wiederzuerkennen sind.

Ließ Jules Verne die Helden seines 1864 erschienenen Romans *Reise zum Mittelpunkt der Erde* auf einem unterirdischen Ozean den dramatischen Kampf zwischen Plesiosaurus und Ichthyosaurus miterleben, so beobachteten die jungen Protagonisten des tschechischen Filmregisseurs Karel Zeman in *Reise in die Urzeit* (1955), wie ein Stegosaurus sich des Angriffs eines T. rex erwehren muss und schließlich an den Folgen des Kampfes stirbt. Und in ihrem ewig währenden Wettstreit fetzen sich die Giganten in unzähligen Filmen bis heute, nun allerdings digital, in Dolby Surround und 3-D. Im bequemen Kinosessel oder auf dem heimischen Sofa sind wir hautnah dabei, wenn ein Spinosaurus in *Jurassic Park III* (2001) unter ohrenbetäubendem Gebrüll kurzen Prozess mit einem T. rex macht oder der Riesenaffe King Kong im gleichnamigen Film von Peter Jackson (2005) es erfolgreich mit gleich drei ausgesprochen hässlichen Tyrannosauriern aufnimmt und gleichzeitig mit der kreischenden Naomi Watts jongliert. Um noch einen draufzusetzen, lassen die Macher des Hollywood-Dino-Blockbusters *Jurassic World* (2015) nicht weniger als vier Echsenarten aufeinander los, eine größer als die andere. Fortsetzung 2018 in diesem Theater.

Kämpfe von Dinosauriern und anderen Raufbolden haben sich im Internet zu einer Art eigenem Filmgenre von sehr unterschiedlicher Qualität entwickelt. Hier wird alles aufeinander gehetzt, was ein großes Spektakel verspricht, mögliche und völlig unmögliche Kontrahenten, und in (pseudo-)wissenschaftlichen Analysen werden Überlegungen angestellt, welche Spezies wohl im Vorteil war oder gewesen wäre, Spino oder T. rex, Hulk oder T. rex, Drache oder Dino. Auch in ernsthaften Fernsehdokumentationen ist der Hunger der Raubsaurier kaum zu stillen. Die Bedrohung, die von ihnen

Édouard Riou (1833–1900) illustrierte mehrere Romane seines Landsmannes Jules Verne. Hier werden die Helden der *Reise zum Mittelpunkt der Erde* (1864) Zeugen eines Kampfes zwischen zwei enorm großen Vertretern der Ichthyo- und Plesiosaurier.

ausgeht, ist allgegenwärtig – das Erdmittelalter ein einziges Blutbad, ein Gemetzel.

Geändert hat sich also seit Jules Vernes Zeiten nicht viel, und wir können zuversichtlich sein, dass auch zukünftige Medien wie die *Virtual Reality* nicht um die bewährten Dinosaurierschlägereien herumkommen werden. Damals wie heute wie morgen – Gladiatorenkämpfe gigantischer Echsen sind einfach eine Mordsgaudi. Owen mag es einst anders gemeint haben, aber »Dinosaurier«, das heißt »schreckliche Echsen«, also lassen wir sie in unserer Fantasie diesem Namen gerecht werden.

Doch wie würden wir über die Urzeitechsen und ihre Zeit denken, wenn man sie uns als friedlich grasende Herdentiere oder liebevolle Eltern gezeigt hätte? Wir haben gesehen, dass der Blick auf die mächtigen Urzeitwesen lange Zeit von Ehrfurcht und Respekt geprägt war. Irgendetwas muss diese Gefühle in Abscheu und Entsetzen verwandelt haben. Waren neue Funde aufgetaucht? Gab es irgendeinen Beweis für diese Sicht der Dinge?

Solange die Menschen nur sporadisch und eher zufällig auf Überreste dieser untergegangenen Kreaturen stießen, konnten sie sie als seltene und kostbare Zeugnisse einer mythischen Vorzeit deuten. Doch Anfang des 19. Jahrhunderts vollzog sich diesbezüglich tatsächlich ein Wandel. Fossilien oder »Kuris« (von »Kuriositäten«), wie die Menschen sie nannten, erfreuten sich immer größerer Beliebtheit, auch oder gerade weil sie noch in vielerlei Hinsicht Rätsel aufgaben, und nicht nur Mary Anning begann mehr oder weniger systematisch nach ihnen zu suchen. Für die hübsch gewundenen Ammoniten fanden sich leicht Abnehmer. Nachdem Mary ihren ersten spektakulären Fund gemacht hatte, meldeten sich auch zahlungskräftige Privatsammler und Museen, die bereit waren, für ein vollständiges Skelett oder einen Schädel gutes Geld zu bezahlen, je größer, desto besser. Nicht nur Gideon Mantell, der Entdecker des Iguanodons, bezahlte Arbeiter in einem Steinbruch dafür, dass sie die Augen offen hielten und Fossilien bargen, wenn sie darauf stießen. Ein neuer Berufsstand war geboren, die Fossilisten. Leben konnten davon nur die Glücklichsten.

Langsam entwuchs die Wissenschaft der Geologie ihren Kinderschuhen und begann Zusammenhänge zwischen charakteristischen Gesteinsschichten und dem Auftreten bestimmter Fossilien herzustellen. In Deutschland prägte Leopold von Buch dafür das Wort »Leitfossilien«. Hatte man diesen Kuris lange Zeit allerlei Heilkräfte angedichtet – sie sollten zum Beispiel gegen Impotenz und Unfruchtbarkeit helfen –, so begann man nun langsam zu verstehen, dass es sich um die Überreste von Tieren handelte, die tatsächlich einmal gelebt hatten, was eine Fülle von neuen Fragen aufwarf. In bestimmten Gesteinsschichten waren große Mengen dieser Fossilien zu finden. Die Welt, so schwer das zu begreifen war, hatte einmal von diesen seltsamen Kreaturen gewimmelt, von Lebewesen, die auf Erden heute nirgendwo mehr zu finden waren und die zum Teil gewaltige Ausmaße erreicht hatten.

In den geriffelten Klumpen, die mitunter sogar zwischen den Knochen der Echsen gefunden wurden, erkannten William Buckland und andere die zu Stein gewordenen Ausscheidungen dieser Tiere. Man nannte sie »Koprolithen«. Darin stieß man auf Schuppen, Knochen und Zähne von Fischen und schließlich sogar auf Wir-

Plate 7.—Ideal scene in the Lower Cretaceous Period, with Iguanodon and Megalosaurus

Die Riesenechsen kämpften, wo immer sie sich begegneten, ob zu Lande oder zu Wasser. Hier eine Illustration von Édouard Riou aus Louis Figuiers *La terre avant le déluge* aus dem Jahr 1863. Diesmal bekommen sich zwei Landechsen in die Haare, die Dinosaurier Iguanodon und Megalosaurus.

bel, die unzweifelhaft zu kleineren Exemplaren der gleichen Echsenart gehörten. Auch wenn die edlen Herren die Beschäftigung mit diesen versteinerten Kotbrocken nicht an die große Glocke hängen wollten – die Sache war doch zu anrüchig –, die Ergebnisse ließen nur einen erschreckenden Schluss zu: In diesen finsteren Zeiten herrschten »Kriege, die von aufeinanderfolgenden Generationen der Bewohner unseres Planeten geführt wurden, einer gegen den anderen. (...) Diese Ungeheuer«, stellte William Buckland fest, »haben möglicherweise die kleineren und schwächeren Vertreter ihrer eigenen Art verschlungen.«

Kannibalismus! Eltern fraßen ihre Kinder, Brüder ihre schwächeren Geschwister. Man war auf infernalische Kreaturen gestoßen, auf Geschöpfe des Teufels, die sich auf alles stürzten, was sich bewegte, und sei es die eigene Brut. Unfassbar!

»Bewaffnet mit all der Zeugungskraft des wie aus dem Nichts entsprungenen Bösen«, schrieb der Amateurgeologe Thomas Hawkins in seinem 1840 veröffentlichten *Book of the Great Sea-Dragons*, »scheint Satan, auf das Dreifache vergrößert, Schrecken erzeugt und einen wimmelnden Laich geschaffen zu haben, der in die tiefsten Abgründe des Chaos passte.«

Kein Wunder, dass Gott unter diesen Umständen zu drastischen Maßnahmen griff, greifen musste, um diesem Treiben ein Ende zu machen. Irgendwie hatte seine Schöpfung ein Eigenleben entwickelt, das ihm aufs Äußerste missfiel, und er fegte sie mit einer schrecklichen Sintflut vom Antlitz der Erde, um Raum für einen Neubeginn zu schaffen, für die Entfaltung der Säugetiere und des Menschen.

4 Eine Welt der Titanen

*Einst hatte das riesige amerikanische Binnenmeer diesen Ort über-
flutet. Doch nun hatte das Meer sich zurückgezogen und eine durch
große Seen und Feuchtgebiete geprägte Ebene hinterlassen. Es
wimmelte hier nur so von Leben. (…)*
Und es gab Dinosaurier, so weit das Auge reichte.
*Herden von Entenschnäblern, Ankylosauriern und ein paar Grup-
pen langsamer, schwerfälliger Triceratops hatten sich am Wasser
versammelt, spielten und kämpften. Lurche liefen, und Frösche
hopsten ihnen zwischen den Füßen herum, außerdem Iguanas
und Geckos und viele kleine, gefräßige Saurier. Die Luft wurde vom
Flügelschlag und den Rufen von Pterosauriern und Vögeln erfüllt.
Am Rand des Waldes sah man Räuber patrouillieren, die die
wogenden Herden observierten.*

STEPHEN BAXTER, *Evolution*

Anders als der britische Science-Fiction-Autor Stephen Baxter war
niemand von uns als Augenzeuge dabei. Nach allem, was wir wissen, entstand die Welt der Dinosaurier aber auf einem normalen
Planeten und füllte sich im Laufe der Zeit mit ganz normalen,
wenn auch spektakulären Lebewesen – von Teufeln keine Spur.
Als unsere Erde war dieser Planet allerdings erst gegen Ende der
Saurierzeit zu erkennen. Hätte sich ihr ein Astronaut zu Beginn
des Erdmittelalters, vor 250 Millionen Jahren, aus dem Weltall ge-
nähert, hätte der Mann wohl an einen Navigationsfehler gedacht,
denn von den vertrauten Umrissen der Kontinente wäre nichts
zu sehen gewesen. Blau war der Planet schon, es gab viel Wasser,

ansonsten aber war kaum etwas so, wie es sein sollte. Die magnetischen Pole wechselten häufig ihre Position, die Gezeiten waren ausgeprägter, weil der Mond in geringerem Abstand um den Planeten kreiste. Da der sich schneller um sich selbst drehte, war

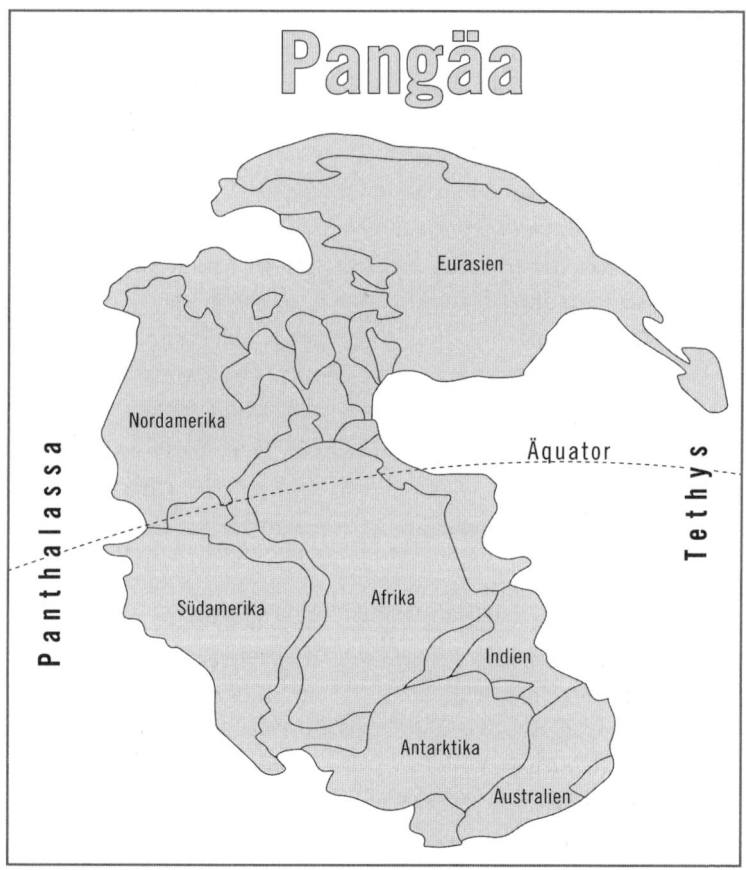

Umgeben vom riesigen Ozean Panthalassa, existierte vor 300 Millionen Jahren nur eine einzige große Festlandsmasse: Pangaea. Gegen Ende der Trias, vor etwa 230 Millionen Jahren, begann der Riesenkontinent auseinanderzubrechen.

ein Tag kürzer und ein Jahr dauerte nicht 365, sondern 385 Tage. Und was den Astronauten wohl am meisten irritiert hätte: Es gab nur einen einzigen Kontinent. Er erstreckte sich fast von Pol zu Pol: Pangaea.

Vor 300 Millionen Jahren entstanden, war Pangaea der bislang letzte einer Reihe von Superkontinenten, die in sogenannten Wilson-Zyklen im Verlauf von Hunderten von Millionen Jahren auf der Erde entstanden und wieder zerfallen waren. Als Knautschzonen hatten sich dabei Himalaya-große Gebirge aufgetürmt, die erodierten und vor dem nächsten oder übernächsten Crash nur noch in Rudimenten erkennbar waren. Pangaea war aus dem Zusammenstoß des Südkontinents Gondwana mit seinem nördlichen Pendant Laurussia hervorgegangen. Der nächste Superkontinent, das steht für die Fachleute schon fest, wird »Amasien« heißen und erst Amerika und Asien und in 250 Millionen Jahren alle Kontinente außer der Antarktis in sich vereinen. Wieder werden dann die alten Gebirge verschwunden sein und neue entstehen – ob es Menschen geben wird, die ihnen Namen geben könnten, ist allerdings zu bezweifeln. Bislang hat noch für jede Tierart irgendwann die Stunde geschlagen. Anders als die Organismen, die auf ihm kommen und gehen, scheint der Planet Erde jedoch mehrere Leben zu haben.

Im Osten von Pangaea öffnete sich eine weite Bucht, so groß, dass ganz Afrika hineingepasst hätte: die Tethyssee. Hier würde Pangaea bald auseinanderreißen und Platz für ein viel größeres Meer schaffen, von dem heute, nachdem die Schere zwischen Europa, Afrika und Asien zusammenklappte, nur noch das Mittelmeer, das Schwarze und das Kaspische Meer übrig geblieben sind. Ansonsten gab es nur Panthalassa, einen einzigen weltumspannenden Ozean, der mehr als die Hälfte der Erdoberfläche bedeckte.

Eine Welt der Superlative. In Pangaea, der vermutlich größten Landmasse, die je existiert hat, entstanden die Tiere, die im Verlauf des Mesozoikums zu den größten Landlebewesen aller Zeiten heranwuchsen. Sie konnten sich entlang der Küsten, mehr oder weniger ungehindert, auf dem ganzen Kontinent ausbreiten, deshalb findet man ihre Überreste heute auf allen Erdteilen, im England Gideon Mantells genauso wie in der eisüberkrusteten Antarktis, die einst Teil des riesigen Südkontinents Gondwana war.

Fortwährend verpasst die Plattentektonik dem Planeten ein neues Antlitz. Und im Mesozoikum, dem Erdmittelalter, das über 180 Millionen Jahre dauerte, fiel dieser Wandel besonders drastisch aus. Denn der Riesenkontinent Pangaea hatte nur noch im ersten Drittel Bestand, brach dann auseinander und zerfiel im Verlauf von Millionen Jahren in Bruchstücke. Aus einem Kontinent wurden viele, die in alle Richtungen auseinanderdrifteten, sich auf unterschiedliche Klimazonen verteilten und zum Teil später wieder zusammenstießen, was einige der uns heute vertrauten Gebirge hervorbrachte. Infolge dieser Verschiebungen änderten gigantische Meeresströmungen ihren Verlauf, blieben Winde aus oder wechselten die Richtung, stieg und fiel der Meeresspiegel, schlug das Klima Kapriolen. Natürlich hat all das auf die Evolution der Dinosaurier und der meisten anderen Lebewesen, die damals lebten, entscheidenden Einfluss gehabt.

Das Erdmittelalter oder *die* Dinosaurierzeit im Sinne gleich bleibender Lebensumstände hat es also nie gegeben. Es war im Gegenteil ein Zeitalter dramatischer Veränderungen, das den Lebewesen ein hohes Maß an Flexibilität abforderte. An der Trias-Jura-Grenze sorgte eines der fünf größten Massenaussterben der Erdgeschichte sogar für eine radikale Zäsur und schuf, wie in Kapitel 2 geschildert, die Voraussetzungen für den Aufstieg der Dinosaurier.

Während des gesamten Erdmittelalters, vom Trias über das Jura bis zur Kreidezeit, befand sich die Erde in einer Treibhausphase mit atmosphärischen Kohlendioxid-Konzentrationen, die ein Vielfaches über den Werten lagen, die uns heute so große Sorgen bereiten. Das bedeutete hohe globale Durchschnittstemperaturen, die im Trias etwa 30 Grad Celsius und damit mehr als das Doppelte des heutigen Wertes (14 Grad Celsius) erreichten, eisfreie Polgebiete, wo stattdessen ausgedehnte Wälder existierten, und einen hohen Meeresspiegel. Es bedeutete nicht, dass große Teile des Festlands von tropisch üppigem Grün bedeckt waren.

Oft begegnet man der Vorstellung, die lange Zeit als träge und kaltblütig geltenden Dinosaurier seien nur deshalb zu ein wenig arterhaltender Aktivität fähig gewesen, weil sie das Glück gehabt hätten, in einer feucht-warmen Welt inmitten dichter Wälder und Sümpfe zu leben. Für einige wenige Dinoarten mag das tatsächlich der Fall gewesen sein, für die große Masse sicher nicht.

Ein einziger Kontinent – das war keineswegs gleichbedeutend mit einem in allen Himmelsrichtungen gleichförmigen Lebensraum. Man muss nur den asiatischen Kontinent oder Australien anschauen, um zu erkennen, was eine solche große Festlandsmasse bedeutet. Ihr Inneres wird von riesigen Wüsten dominiert, in denen kaum je ein Tropfen Regen fällt. Nur ein relativ schmaler Küstenstreifen profitiert von der Nähe zum Meer, von Flüssen, Wolken und Winden. Wer im frühen Erdmittelalter große Areale besiedeln wollte, musste sich also mit hohen Temperaturen und extremer Trockenheit arrangieren. Reptilien, das zeigen viele überlebende Arten noch heute, sind dazu in der Lage. Fossilfunde belegen aber, dass es kaum Arten gab, die ganz Pangaea besiedelten. Die meisten blieben auf bestimmte Ökosysteme und Klimazonen beschränkt.

Das Auseinanderbrechen von Pangaea, das mit dem Ende der Trias-Zeit vor etwa 200 Millionen Jahren begann, hatte vor allem zur Folge, dass mehr klimatisch begünstigte Küsten entstanden. Der Lebensraum außerhalb der Wüsten wurde größer, das Klima kühler und feuchter und näherte sich den heutigen Verhältnissen an. Dazu kam, dass viele tief gelegene Festlandsbereiche während des gesamten Mesozoikums infolge des hohen Meeresspiegels überflutet waren. Riesige Flachmeere bedeckten weite Teile Afrikas, Europas und Nordamerikas, die dadurch in mehrere Teilkontinente zerfielen. Fast alle Dinosaurierarten der Jura- und Kreidezeit lebten daher auf Inseln, von denen manche allerdings sehr groß waren. Entstanden durch Austrocknung oder geologische Prozesse keine neuen Landbrücken, entwickelte sich die Tierwelt dort in weitgehender Isolation, ohne Kontakt zu den Bewohnern anderer Inseln. Heute spricht man in diesem Zusammenhang von »Endemismus«.

So scheint es in Asien und Nordamerika zwar ähnliche Dinosaurierfaunen gegeben zu haben. Als Abkömmlinge der gemeinsamen Mitgift von Pangaea lebten auf beiden Kontinenten Vertreter der wichtigsten Echsengruppen. Doch sie waren dort mit jeweils eigenen Entwicklungslinien vertreten, weil nach der Trennung der Kontinente kaum noch Kontakt zwischen ihnen bestand.

In krassem Gegensatz zu ihrer heute globalen Popularität waren zwei der bekanntesten Dinosaurier überhaupt, Triceratops mit seinen Hörnern und dem gewaltigen Halsschild und Tyrannosaurus rex, in Wirklichkeit alles andere als Welteneroberer, sondern nur lokale Größen. Ihre Heimat war ein lang gestreckter schmaler Kontinent namens Laramidia, der nur den äußersten Westen der heutigen USA und Kanadas umfasste. Von ihnen durch einen breiten Meeresarm, den Western Interior Seaway, getrennt, lebten im Osten Nordamerikas ganz andere Dinosaurierarten, die von einem T. rex nichts zu befürchten hatten. Sie konnten ihm nie begegnen.

Die Tyrannosaurier, die durch neue Funde der letzten Jahre zu einer respektablen Großfamilie angewachsen sind, stammten ursprünglich aus Nordamerika, erlebten aber auch in Asien eine Blütezeit. Wie viele Arten dieser Raubdinosaurier dort entstanden, wurde erst in den letzten Jahren entdeckt und hat die Palä-

ontologen überrascht.»Ganz offensichtlich waren diese Tiere so
etwas wie die Globetrotter unter den Dinosauriern«, schreibt der
Londoner Paläontologe David Hone in seinen *Tyrannosaur Chronicles*.»Sie wanderten jedenfalls mehr umher als die meisten anderen Arten.« Irgendwie müssen einige ihrer frühen Vertreter
einen Weg über die Beringstraße gefunden haben, und das, wenn
man die komplexen Zusammenhänge richtig deutet, sogar mehrfach.

Vermutlich gab es immer wieder Perioden, in denen der Meeresspiegel vergleichsweise niedrig lag und zwischen Proto-Asien
und Laramidia Landbrücken existierten, die Tyrannosaurier und
andere überqueren konnten, bevor ein erneuter Meeresvorstoß
den Übergang wieder unmöglich machte. Zog das Meer sich zurück, entstanden in Senken ausgedehnte Feuchtgebiete und Sümpfe. In einer solchen Phase spielt die eingangs zitierte Romanpassage des Autors Stephen Baxter.

In der Kreidezeit, in der die Dinosaurier ihre Blüte erlebten und
viele der Riesenechsen existierten, die heute so populär sind, waren der Migration jedoch in der Regel Grenzen gesetzt, denn die
Erde befand sich wieder in einer ausgeprägten Warmzeit, möglicherweise infolge intensiver vulkanischer Aktivität. Der Meeresspiegel war außergewöhnlich hoch, nicht nur weil die Pole eisfrei
waren. Zwischen den auseinandertreibenden Kontinenten entstanden vulkanisch aktive Mittelozeanische Rücken und große
submarine Gebirgsketten wurden in die Höhe gehoben.

Auf dem Höhepunkt war etwa ein Drittel der heutigen Festlandsfläche überschwemmt. Diese Flachmeere, wie der Western
Interior Seaway in Nordamerika, erreichten stellenweise immerhin bis zu 900 Meter Tiefe, viel weniger als heutige Ozeane, aber
tief genug, um auch große Dinosaurier daran zu hindern, von einer Festlandsinsel zur nächsten zu spazieren. Die Wassertemperaturen dieser Meere stiegen zeitweilig auf über 40 Grad Celsius,
sogar in der ozeanischen Tiefsee wurden 15 Grad und mehr er-

reicht. Ungeheure Mengen von mikroskopisch kleinen kalkhaltigen Algen,»Coccolithophoriden«genannt, sanken nach ihrem Absterben auf den Boden und formten mit anderen kalkhaltigen Organismen die großen Kalksteinmassive, die der ganzen Epoche ihren Namen gegeben haben.

Gegen Ende des Jura und in der frühen Kreidezeit brachte die Tendenz zum Riesenwuchs die spektakulärsten Blüten hervor – und stieß vermutlich an ihre Grenzen. Computermodelle errechnen eine Vegetationsmenge, die weit größer war als zu jeder anderen Zeit des Erdmittelalters. Die gewaltigsten Landtiere der Erdgeschichte entstanden, dazu entwickelten sich mit dem T. rex und seinem südamerikanischen Gegenstück, dem nicht minder furchterregenden Giganotosaurus, auch die größten bekannten Fleischfresser.

Lassen Sie uns kurz die Dimensionen zurechtrücken, um die es hier geht. Ein T. rex war sicher eine überaus imposante Erscheinung, sein Gewicht dürfte aber sieben Tonnen nur selten übertroffen haben. Selbst wenn man die neun Tonnen zugrunde legt, die für Sue, den größten bekannten T. rex, errechnet wurden, wäre er damit nur gut zwei Tonnen schwerer als die größten Afrikanischen Elefantenbullen gewesen. Unter den Fleischfressern wurde T. rex von dem südamerikanischen Giganotosaurus knapp übertroffen, vor allem aber von dem auf maximal zehn Tonnen geschätzten Spinosaurus, der seinen triumphalen Auftritt im dritten Teil von *Jurassic Park* hatte. Ein Stegosaurus wird heute auf drei bis vier Tonnen geschätzt, ein Iguanodon brachte vielleicht etwas mehr als drei, die größten Triceratops-Arten neun Tonnen auf die Waage. Alle genannten Tiere waren schwer und massig, und man kam ihnen besser nicht in die Quere. Im Großen und Ganzen bewegten sie sich aber in einer Gewichtsklasse, in die auch die größten heute noch lebenden Landsäugetiere passen würden.

Für Sauropoden gilt das nicht. Sie übertrafen alle anderen Dinosaurier um ein Vielfaches: Sie waren die eigentlichen Gigan-

ten, die viel schwerer und größer wurden als alles bisher Dage-
wesene. Mit ihren langen Hälsen und Schwänzen gehören sie zu
den bekanntesten Dinosauriergestalten überhaupt. Schulanfän-
gern wird der Buchstabe D heute durch einen sauropoden Dino
nahegebracht. Mit ihrer ruhigen, gemächlichen, vielleicht auch
etwas dümmlichen Art sind sie es, die den Dino schlechthin re-
präsentieren, nicht die erregte Riesenechse im Kampfmodus, der
ewig brüllende und um sich beißende T. rex.

Das sah und sieht auch Hollywood so. Gertie, einer der ersten
Zeichentrickdinos der Filmgeschichte, war ebenso ein Sauropode
wie Littlefoot, der Held des 1988 von Universal Pictures veröffentlichten Streifens *In einem Land vor unserer Zeit*. An Dino, das sauropode Haustier der Familie Feuerstein, und seine überschwäng-
lich zärtlichen Begrüßungen erinnern sich wohl nur die Älteren,
obwohl die *Flintstones* zu den erfolgreichsten Zeichentrickseri-
en aller Zeiten zählen. Doch auch der jüngste in einer langen Reihe von Dinosaurierfilmen, Disneys 2015 angelaufener *The Good
Dinosaur*, der in Deutschland unter dem Titel *Arlo und Spot* lief,
hatte in der Hauptrolle mit dem ängstlichen Arlo wieder einen
jungen Sauropoden aufzubieten. Im Gegensatz zu T. rex und anderen großen Raubdinosauriern, die im Kino auf die Rolle der
finster dreinblickenden, blutrünstigen *bad guys* abonniert sind,
zeigen Sauropoden seit Jahrzehnten, dass sie vor allem in jungen
Jahren das Zeug zum Kinderfilmstar besitzen.

So gut sie sich als liebenswerte und langlebige Kinohelden eignen, so sehr könnte man ihre realen Vorbilder eher für eine seltene,
nur für kurze Zeit in Erscheinung getretene Spezies halten. Diese
jeden Rahmen sprengenden Giganten waren aber in Wirklichkeit
keine seltenen Extreme, keine irgendwie grotesken Übertreibun-
gen der Evolution, wie sie ihr eben manchmal unterlaufen, die aber
auf längere Sicht keinen Erfolg haben konnten. Das Gegenteil ist
der Fall. Gemessen an der Zeit, die ihnen auf der Erde gegönnt war,
sind Sauropoden die erfolgreichste pflanzenfressende Wirbeltier-

gruppe, die je auf diesem Planeten gelebt hat. Beginnend im späten Trias, gingen aus ihrer Mitte mindestens 120 Millionen Jahre lang immer neue Dinosauriergestalten hervor, die zu den jeweils größten und schwersten Landtieren ihrer Zeit gehörten. Sie waren dabei auch noch sehr artenreich, wobei sie ihrem offenbar von Anfang an sehr gelungenen Bauplan im Großen und Ganzen treu blieben. Man hat ihre Knochen auf allen Erdteilen gefunden. Etwa ein Drittel aller heute bekannten und benannten Dinosaurier gehört zu den Sauropoden und ihren Vorläufern. Daher steht hinter der wissenschaftlichen Beschäftigung mit ihnen immer auch die Frage, wie etwas so immens Großes so lange so außerordentlich erfolgreich sein konnte.

Die längsten Hälse, dreimal so lang wie ihr Rumpf, entwickelte ein chinesischer Ableger der Sauropoden, die sogenannten Mamenchisauriden, deren erster Vertreter in den 1950er-Jahren bei Straßenbauarbeiten entdeckt wurde. Bei der größten bekannten Spezies soll der Hals unglaubliche 17 Meter Länge erreicht haben. Die schwersten Vertreter aber waren unter den Titanosauriern Südamerikas zu finden. In der Paläontologie kann man allerdings nie wissen, ob ein neues Fossil aus einer anderen Weltgegend sie nicht morgen schon von ihrem Thron stürzt. Erst vor wenigen Jahren hat man im fernen Patagonien zwei der vollständigsten Titanosaurierskelette entdeckt, die den Wissenschaftlern heute zur Verfügung stehen. Vier Jahre dauerten in einem Fall allein die Ausgrabungsarbeiten. Dann folgten der Transport in Containern und etliche Jahre der Präparation und Untersuchung im Labor; Forschung, die ein US-amerikanischer Unternehmer aus der Computerbranche finanzierte. Viele Skelette dieses Kalibers kann ein Mensch in einem Paläontologenleben nicht bis zum fertigen Ausstellungsstück bringen.

Beide Skelette sind zu etwa 70 Prozent erhalten – im Vergleich zu vielen anderen Dinosauriern, die zwar wohlklingende Namen haben, von denen man aber nur einzelne Knochen kennt, ist das sensationell. Tiere von der Größe eines ausgewachsenen Sauropoden werden selten vollständig von Sediment bedeckt und damit im Ganzen konserviert. Meistens zerfallen sie nach ihrem Tod oder werden von Aasfressern zerlegt.

Die zweifellos euphorisierten Entdecker gaben ihren Schätzen ungewöhnliche Namen. Futalognkosaurus wurde nach seinem Fundort benannt, einem Steinbruch, und Dreadnoughtus, dem leider der Schädel und große Teile des Halses fehlen, dürfte im ausgewachsenen Zustand ein *dreadnought* gewesen sein, ein »Fürchtenichts«. Das Tier war noch nicht ausgewachsen, als es vor 66 bis 84 Millionen Jahren starb, und trotzdem schon 26 Meter lang und so schwer wie ein Jumbojet. Auch was nach dieser langen Zeit von ihm übrig ist, sprengt den üblichen Rahmen. »Wir haben gerade 16 Tonnen Knochen im Labor«, erklärte Kenneth Lacovara, der stolze Entdecker des Dreadnoughtus, einem Reporter der *New York Times*. Jeden einzelnen der über 200 Knochen haben er und seine Kollegen eingescannt und der Wissenschaftswelt als virtuelle 3-D-Modelle zur Verfügung gestellt. Um einen Dreadnoughtus-Knochen zu betrachten, muss heute kein Wissenschaftler mehr ins Flugzeug steigen. »Mann, wenn wir das für alle Dinosaurier hätten, die es gibt«, seufzte Lacovara, »das würde uns das Leben so viel leichter machen.«

Der gegenwärtige Rekordhalter hört auf einen Namen, den man sich viel leichter einprägen kann: Argentinosaurus. Auch wenn die Forscher von ihm nur fragmentarische Funde besitzen, darunter einige Rippen, ein Schienbein und Wirbelknochen mit einem Durchmesser von 50 Zentimetern, es reichte ihnen, um daraus eine Körperlänge von 30 Metern und 80 Tonnen Gewicht zu berechnen. Ein erwachsener Mensch hätte diesem Monstrum selbst mit ausgestreckter Hand kaum den Bauch kraulen können. Aus Nordamerika existieren Berichte von einem noch größeren Tier, das bereits im Jura lebte. Es soll, bei einem Gewicht von über 100 Tonnen, 40 bis 60 Meter lang geworden sein.

Mit diesem Riesen kann aber heute niemand prahlen, denn der einzige Knochen, der von ihm existierte, ist verschollen. Manche behaupten, er sei während des Transports, einer langen und erschütterungsreichen Bahnfahrt quer durch den nordamerikanischen Kontinent, zu Staub zerfallen. Der Wettlauf um den größten und schwersten Saurier aber geht weiter und wird wohl nie enden. Einen ebenfalls aus Argentinien stammenden und lange Zeit namenlosen Titanosaurier kann man seit 2016 in der neu gestalteten Dinosaurier-Galerie des American Museum of Natural History bewundern. Er bzw. die aufgestellte leichte, aber originalgetreue Fiberglas-Kopie von ihm misst über 37 Meter und ist damit ein Stück zu lang für den großen Raum. Etwa ein Meter seines Halses mit dem im Vergleich zum Rest grotesk kleinen Kopf ragt nun durch einen Mauerdurchlass ins Foyer und blickt den aus den Aufzügen kommenden Museumsbesuchern entgegen. Ist das nun endlich der größte Dinosaurier aller Zeiten? Michael J. Novacek, Senior Vice President des Museums, zuckt die Achseln. »Jedes Mal wenn wir glauben, den größten Dinosaurier gefunden zu haben, finden wir bei der nächsten Ausgrabung einen noch größeren.« Der Platz im Museum ist jetzt jedenfalls bis auf Weiteres besetzt. Kurz vor Drucklegung dieses Buches bekam New Yorks neuer Gigant auch noch einen Namen. Er heißt nun »Patagotitan mayorum«.

In Rumänien und im niedersächsischen Goslar, am Nordrand des Harzes, ist man bescheidener. Dort hat man Langhalssaurier gefunden, die zu Lebzeiten zum genauen Gegenteil tendierten und im Vergleich zu den südamerikanischen Sauropoden Fliegengewichte waren. Sie bewohnten Inseln und entwickelten sich wahrscheinlich wegen der begrenzten Ressourcen wie die ausgestorbenen Minielefanten Siziliens und Zyperns zu Zwergen ihrer Art. Allerdings – alles ist relativ. Der Europasaurus aus Goslar hatte etwa die Masse einer Kuh, erreichte eine Schulterhöhe von zwei Metern und wurde mit Schwanz und Hals sechs Meter lang. Für einen Zwerg war er also von respektabler Größe, auch wenn er alles in allem wie eine Miniaturausgabe der argentinischen Titanen aussah.

Die Präparation von Dinosaurierfossilien kann viele Monate oder sogar Jahre dauern, die der Europasaurus-Funde ist beispielsweise noch lange nicht abgeschlossen. Tausende von Knochen wurden schon präpariert, insgesamt sind aber mindestens elf Individuen, vom Jungtier über Heranwachsende bis zum Erwachsenen, aus dem Gestein zu befreien. Im Dinosaurier-Park Münchehagen kann man die Arbeit der Paläontologen in einem gläsernen Labor live verfolgen.

Auch außerhalb der Echsenverwandtschaft tat sich in der Kreidezeit einiges. Wer bei Betrachtung des Erdmittelalters nur Dinosaurier sieht, verkennt, dass sie nicht allein auf der Welt waren und sich in dieser Zeit natürlich auch alle anderen damals existierenden Tier- und Pflanzengruppen weiterentwickelten. Insofern zeigt der eingangs zitierte Stephen Baxter mit seiner Schilderung einer kreidezeitlichen Idylle, zu der auch Lurche, Frösche, Leguane und Geckos gehörten, etwas, das sonst oft unter den Tisch fällt. Ja, auf die Gefahr hin, bei Dinofans in Ungnade zu fallen, könnte man mit Fug und Recht behaupten, dass sich die aus heutiger Sicht wichtigsten und nachhaltigsten Entwicklungen auf einem ganz anderen Feld abgespielt haben, bei Lebewesen, die auch Stephen Baxter unterschlägt. Die späte Kreidezeit erlebte nämlich den Durchbruch der heute dominierenden Blütenpflanzen und ihrer Bestäuber, der Insekten und insbesondere der Bienen. Auf der ganzen Welt durchlief die Vegetation einen dramatischen Transformationsprozess, der sicher so manchen Pflanzenfresser vor Probleme stellte. Eine von Grün- und Brauntönen dominierte Welt wurde bunter. Dazu trugen auch die Vögel und deren heute ausgestorbene frühe Vettern bei, von denen einige, wie der berühmte Archaeopteryx, noch Zähne im Schnabel besaßen. Schon zu Leb-

zeiten ihrer Echsenverwandtschaft wurden sie immer vielfälti-
ger und zahlreicher.

Fast scheint es, als hätten die heute dominierenden Organis-
mengruppen das aus den Tiefen des Alls herannahende Unheil
geahnt und sich im Windschatten der Dinosaurier rechtzeitig vor
dem großen Knall so in Stellung gebracht, dass sie den Staffelstab
nach dem Ableben der Riesenechsen übernehmen konnten. Dazu
gehörten auch die Säugetiere, deren primitivste Vertreter fast zeit-
gleich mit den ersten Dinosauriern im Trias entstanden waren
und die nun langsam frech zu werden begannen. Die größten unter ihnen brachten kaum 15 Kilogramm auf die Waage. In China
fanden die Forscher allerdings einen immerhin dachsgroßen Säuger, den sie – vielleicht ein wenig übertrieben – »Repenomamus
giganticus« nannten. In seinem Magen befanden sich noch Reste
der letzten Mahlzeit, die Knochen eines Psittacosaurus-Jungtie-
res, eines seltsamen Wesens mit seitlich am Kopf sitzenden spit-
zen Dornen und einem Büschel langer Borsten am Schwanz. Trotz
dieses ungewöhnlichen Aussehens handelte es sich um einen echten Dino aus der Triceratops-Verwandtschaft. Er lieferte den Beweis, dass auf dem Speiseplan des größten bekannten Säugetiers
seiner Zeit junge Dinosaurier standen. War das Verhältnis der
Dinos zu unserer eigenen Verwandtschaft am Ende gar nicht so
einseitig wie gedacht?

Botaniker haben naturgemäß eine andere Sicht auf die Welt. Aus
ihrem Blickwinkel war das Erdmittelalter das Zeitalter der Koniferen. Tannen, Kiefern, Fichten, Redwoods, Sequoien, Araukarien,
Zypressen und andere, heute ausgestorbene, Gewächse bedeckten in großer Artenvielfalt riesige Gebiete. Sie schufen damit eine
der bis in die Gegenwart erfolgreichsten Vegetationsformen, die
die Evolution hervorgebracht hat, auch wenn ihnen die Blütenpflanzen gegen Ende der Kreidezeit den Rang streitig machten.
Koniferen bildeten die vielgestaltige Kulisse für die mesozoische

Tierwelt, und wahrscheinlich waren sie die Energiequelle, die den Aufstieg der gigantischen Pflanzenfresser unter den Dinosauriern erst möglich machte.

Die Urformen der Nadelgewächse hatten schon auf Pangaea Wurzeln geschlagen, passten sich dann auf den auseinanderstrebenden Kontinenten unterschiedlichen Umweltbedingungen an und spalteten sich in mehrere Familien auf. Spätestens im mittleren Jura bedeckten sie den größten Teil des Festlands. Natürlich gab es noch andere Pflanzengruppen, Ginkgos, Schachtelhalme und Farne zum Beispiel. Koniferen aber waren überall auf dem Planeten die vorherrschenden Baumarten und sollten diese Stellung bis zum Ende des Erdmittelalters behalten – trotz aufstrebender Blütenpflanzen und ungezählter hungriger Dino-Mäuler, die mit den Jahrmillionen immer größer wurden und klaffende Wunden in die Kronen der Bäume reißen konnten.

Diese baumfressenden Sauropoden waren in einer eher gemächlichen Geschwindigkeit unterwegs, was sich noch heute aus den Fährten ablesen lässt, die sie hinterlassen haben. Aber unterwegs waren sie immer, zumindest wenn sie nicht fraßen. Es waren Vagabunden, notgedrungen. Denn keine Vegetation der Welt, kein noch so produktiver Wald hätte standorttreue Tiere dieser Größe dauerhaft ernähren können. Nach einer Heimsuchung durch große Sauropoden brauchte die Vegetation Zeit, um sich wieder zu erholen. Hätten ihre Besuche in zu dichter Folge stattgefunden, hätten die Tiere sich ihrer Existenzgrundlage beraubt. Sie wären verhungert. Und ein Wald hätte unter diesen Umständen weder entstehen noch auf Dauer erhalten bleiben können. In manchen Gegenden könnten Pflanzenfresser auch zu weiten saisonalen Wanderungen gezwungen gewesen sein, weil die Bäume in Abhängigkeit von Regenzeiten ihre Blätter oder Nadeln abwarfen.

In jedem Fall hatten große pflanzenfressende Dinosaurier einen prägenden Einfluss auf die Lebensräume, in denen sie sich bewegten. Sie waren Ökosystemingenieure, wie die Elefanten heute.

Der Helmkasuar, ein großer australischer Laufvogel, dem man die Verwandtschaft zum Dinosaurier eher abnimmt als vielen anderen Vögeln.
Man vergleiche das Foto mit der Deinonychus-Darstellung von Luis Rey
im Vorsatz hinten.

Dadurch, dass sie die Baumkronen abweideten, sorgten sie für eine bessere Durchlichtung der unteren Vegetationsschichten, was lichtbedürftigen Pflanzen eine Entfaltungsmöglichkeit und kleineren Pflanzenfressern Nahrung verschaffte. Beim Fressen zertrampelten sie den Boden und alles, was dort wuchs oder zu wachsen versuchte. Diese – ja, den Begriff gibt es wirklich – Dinoturbation schuf Lichtungen und vegetationslose Freiflächen und damit Platz für die Ansiedlung von Pflanzenarten, die genau diese Bedingungen zum Keimen brauchten.

Bei ihren Wanderungen ließen die Tiere überall mit Unmengen von Kot auch die Samen ihrer Futterpflanzen zurück und verbreiteten sie so über weite Distanzen. Der Kasuar, immerhin fast mannsgroß und ein waschechter lebender Dinosaurier, tut dies in Australien noch heute. Die Samen einer Baumart des dortigen Küstenwaldes sind sehr viel keimfreudiger, wenn sie eine Passage durch den Darm des Vogels hinter sich haben. Ein ähnlich enges Miteinander könnten Bäume und Dinosaurier schon im Erdmittelalter praktiziert haben.

Titanosaurier und andere große Sauropoden waren also dazu verurteilt, auf der Suche nach frischem Grün umherzuziehen, und meistens taten sie das wahrscheinlich in Gruppen oder Herden. Kleinere Pflanzenfresser wie Entenschnabelsaurier und die gehörnten Ceratopsia fanden sich zu Verbänden von mehreren Hundert oder gar Tausend Individuen zusammen; derart riesige Herden sind aber für Sauropoden nicht belegt und auch sehr unwahrscheinlich. Leider weiß man über das soziale Miteinander dieser Tiere nur wenig. Eine Brutpflege gab es nicht, die Gelege wurden sich selbst überlassen und die Jungtiere waren nach dem Schlüpfen auf sich allein gestellt. In Familienverbänden lebten sie also nicht, aus Fundstellen wie dem Mother's Day Quarry im US-Staat Montana kann man aber schließen, dass sich noch nicht ganz ausgewachsene Tiere zu Gruppen zusammenschlossen. Waren das

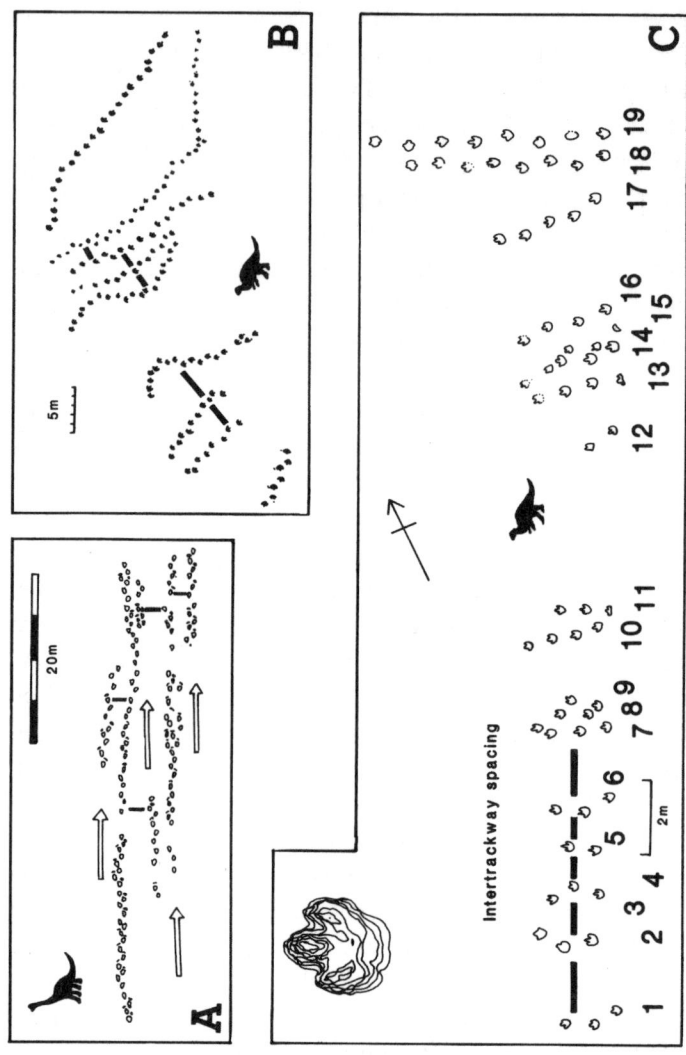

Spuren von (A) Brontosauriern in Colorado, USA, und von Ornithopoden, Verwandten des Iguanodons, in (B) Kanada und (C) Korea. Parallele Spuren etwa gleichen Abstands (s. Balken) werden als starker Hinweis für eine Herden- oder Gruppenbildung angesehen.

Junggesellenverbände aus jungen Männchen, wie man sie von Pottwalen kennt, Tiere, die noch fressen und wachsen mussten, bevor sie sich in die Nähe der Kühe und großer Bullen wagen konnten? Wie bei Pottwalen, den größten und schwersten heute lebenden Raubtieren, könnte die Körpermasse der Bullen auch bei den Sauropoden das entscheidende Kriterium für ihren Fortpflanzungserfolg gewesen sein. Je größer die Bullen wurden, desto unangreifbarer waren sie für Raubsaurier und desto unwiderstehlicher und attraktiver für die Weibchen. Vielleicht wuchsen sie ihr Leben lang, anfangs schnell, später immer langsamer.

Gab es Harems, Gruppen mit mehreren Weibchen, die sich einem großen Bullen anschlossen? Aus manchen Fährtenfunden kann man auch auf gemischte Herden schließen, denen verschiedene Arten angehörten. War die Gefährdung durch Raubsaurier doch so groß, dass es sich auch für die riesigen Sauropoden nicht empfahl, allein umherzuwandern?

Die genaue Analyse ihrer nach Jahrmillionen noch lesbaren Fährten ergab eine Marschgeschwindigkeit von vier Kilometern in der Stunde, wobei verschiedene Forscher es für möglich halten, dass die Tiere auf bis zu 25 Kilometer in der Stunde beschleunigen konnten – zur Not. Wer die eindrucksvolle Sauropoden-Stampede in Peter Jacksons *King Kong* gesehen hat, kann sich vorstellen, dass ein solches Ereignis für diese Giganten mit einem hohen Risiko verbunden war, von denen, die ihnen im Wege standen, gar nicht zu reden. Wegen ihres enormen Gewichts hätte jeder Sturz Knochenbrüche und innere Verletzungen zur Folge gehabt und somit den sicheren Tod bedeutet. Um ihnen einen festeren Stand zu verschaffen, waren die Beine bei den besonders schweren Titanosauriern etwas nach außen gerückt, sodass die Tiere wie japanische Sumoringer breitbeiniger aufgestellt waren.

Diese Beine, besonders die hinteren, waren meterhohe, von dicken Muskelsträngen umgebene Säulen, die von außen betrachtet vermutlich wenig bemerkenswert erschienen, von ihren Dimensionen einmal abgesehen. Im Inneren jedoch waren sie Meisterwerke biologischer Konstrukteurskunst, dafür gemacht, das ungeheure Gewicht dieser Tiere zu tragen und sicher von einem Ort zum anderen zu bewegen.

Beginnen wir oben, in der Hüfte. Gleichsam gekrönt wurde das mächtige Hinterbein nämlich von einem riesigen schaufelartigen Knochen des Hüftapparates, dem Ilium oder Darmbein, auf dessen Oberfläche die mächtige Muskulatur der Oberschenkel ansetzte. Eingepasst in eine Höhlung an seinem unteren Rand saß der Femur, der größte und massivste Knochen des Dinosaurierkörpers. Bei Titanosauriern ist allein dieser Oberschenkelknochen deutlich größer als die glücklichen Forscher, die ihn ausgraben, was diese der Öffentlichkeit gern verdeutlichen, indem sie sich für ein Foto stolz lächelnd neben ihre Fossilien in den Staub der Fundstellen legen.

Im Querschnitt war dieser Femur nicht rund, sondern annähernd oval, damit er durch das Rumpfgewicht nicht nach außen gebogen werden und brechen konnte. Seine Gelenkköpfe an beiden Enden waren dicht bepackt mit faserigem Knorpel und Schichten aus festem Bindegewebe, was vor allem im besonders strapazierten Hüftgelenk Bewegungsstress und Stöße zu absorbieren half und dafür sorgte, dass der Knochen trotz des enormen Gewichts der Tiere nahezu unverrückbar in seiner Gelenkpfanne ruhte.

Der Unterschenkel endete unten auf zwei starken Gelenkknochen, die den Fußknöchel bildeten. Besonders der innere der beiden (Astragalus) besaß eine für Dinosaurier typische Form. Er sorgte für eine feste scharnierartige Verbindung von Fuß und Bein und stabilisierte das Gelenk, indem er gefährliche Drehbewegungen nahezu unmöglich machte. Einige Forscher sehen in dieser Gelenkkonstruktion einen Schlüssel zum Erfolg der Dinosaurier.

Alle Dinos waren, wie Hunde und Katzen, Zehengänger. Sauropoden hinterließen aber meist nur von den Zehen der Hinter-

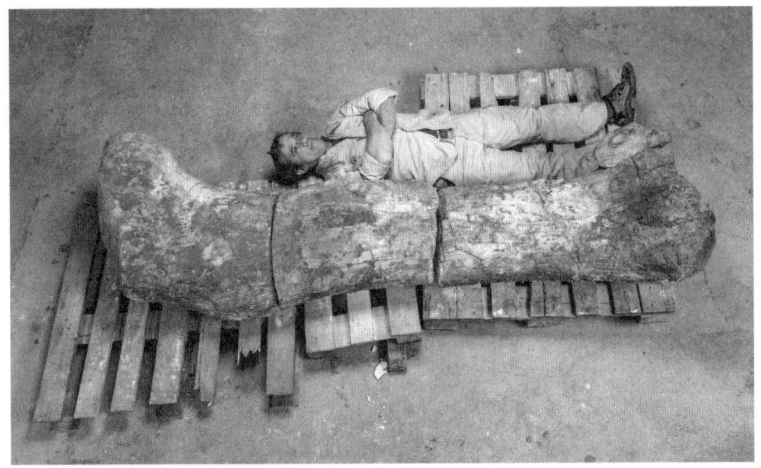

Ein glücklicher argentinischer Paläontologe neben dem Oberschenkelknochen eines gewaltigen Titanosauriers.

beine Abdrücke. Im Vorderfuß formten die fünf Mittelhandknochen, die bei uns die Handfläche bilden, einen Halbkreis, später bei
den weiterentwickelten Arten eine Art Röhre, wobei die Zehen
immer kleiner und schließlich ganz reduziert wurden. Die Tiere
liefen also, abgesehen von einer dicken Polsterung, auf den Enden
ihrer Mittelhandknochen. Von einigen Arten kennt man einen
Zeh mit einem nach innen ragenden Dorn an der Spitze, der wohl
weniger als Waffe denn zum Graben eingesetzt wurde, zum Beispiel zum Ausheben der Bodennester. Vielleicht konnten die Tiere
sich damit auch einen störrischen Ast zum Maul führen.

Am größeren Hinterfuß, mit dem die Tiere sicher auch kräftige
Tritte austeilen konnten, blieben die Zehen erhalten. Einige davon
besaßen kräftige Krallen, mit denen sich die Tiere im Boden veran-
kerten und nach vorn abdrückten, während der riesige am Schwanz
ansetzende Musculus caudofemoralis das Bein nach hinten zog.
Hinter den Zehen bildete ein kissengroßer, knorpeliger Fettkör-

per unter den Fußknochen eine dicke Sohle und sorgte für einen gut abgefederten Tritt, ähnlich wie bei den Elefanten heute.

Mithilfe von Computern und modernen bildgebenden Verfahren ist man in den letzten Jahren auch ins Innere der Dinosaurierknochen vorgedrungen und dabei hinter erstaunliche Tricks gekommen, die dafür sorgten, dass das Skelett der Dinosaurier erheblich leichter war, als es den Anschein hatte. Die vermeintlich massiven Knochen entpuppten sich nämlich als weitgehend hohl. Ein ausgeklügeltes und umfangreiches System von luftgefüllten Kammern, die über Röhren mit den Lungen in Verbindung standen, brachte nach Schätzungen von Experten eine Gewichtsreduktion um zehn Prozent.

Eigentlich kann nur die jetzt entdeckte Größenordnung überraschen, denn dass ein solches Luftsacksystem existiert haben muss, vermuteten schon die Forscher in England Mitte des 19. Jahrhunderts. Die Öffnungen, die zu ausgedehnten Kammern im Inneren der Knochen führen, sind auf deren Oberflächen leicht zu erkennen.

Anders als die Säugetiere besaßen viele Dinosaurier, darunter Sauropoden und Theropoden, also ein pneumatisches Skelett, ein Ausstattungsmerkmal, das man auch bei ihren heute lebenden Vertretern findet, den Vögeln. Deren Knochen sind durch die vielen Hohlräume derart leicht gebaut, dass sie nicht einmal zehn Prozent der Körpermasse ausmachen, bei Säugetieren kann dieser Wert mehr als das Dreifache erreichen.

Querschnitte durch die Halswirbelknochen eines hoch entwickelten Sauropoden und eines Schwans offenbaren eine verblüffende Ähnlichkeit: Beide zeigen erstaunlich viel leeren Raum, voluminöse luftgefüllte Kammern, die nur von dünnen, netzartig angeordneten Knochenverstrebungen durchzogen werden. Dabei waren die Wirbelknochen der Sauropoden im Verhältnis sogar noch deutlich größer als die anderer großer Tiere. Warum das so ist, können die Forscher nicht schlüssig beantworten. Vielleicht boten sich auf diese Weise mehr Angriffspunkte für die Muskulatur, die nötig war, um diesen Hälsen ihre Beweglichkeit zu verleihen. Die luftige Konstruktion der Wirbel machte es möglich.

Das Geheimnis der Sauropodenhälse liegt also in ihrem Inneren verborgen, in luftsackgepolsterten Ketten von kompliziert gebauten Wirbelknochen. Oder sollte man besser von aufblasbaren, knochenverstärkten Luftkissen sprechen? Sie waren beides zugleich. Wären die Halswirbel mehr oder weniger kompakte Gebilde gewesen wie bei Säugetieren, hätten die Tiere ihre Hälse wahrscheinlich kaum anheben können. Ähnliches hätte gedroht, wenn am Ende des Halses ein massiger, großer Kopf gesessen hätte. Nehmen Sie einmal eine Hantel oder eine volle Einkaufstasche in die Hand und versuchen Sie, diese Last mit ausgestrecktem Arm auf Schulterhöhe vor dem Körper zu halten. Und dann stellen Sie sich vor, wie viel Kraft Sie aufwenden müssten, wenn der Arm noch zwei Meter länger wäre.

Bei diesem Bauplan durfte der Kopf also nicht zu groß und schwer werden. Deshalb bildete er nicht gerade das Glanzstück dieser gewaltigen Tiere. Körpermasse war ihr Trumpfass, nicht Kopf- und Gehirnmasse. Die Kommandozentrale, die samt Maul am Ende des Halses saß, war, zurückhaltend formuliert, eher unscheinbar – eine Konstruktion in Leichtbauweise mit großen Schädelfenstern. Trugen einige Arten deshalb seltsame Kämme und Aufbauten auf dem Kopf? Um Rivalen auch mit ihrem Vorderende ein wenig Respekt einzuflößen?

Offenbar lösten sich die Schädel leicht vom Rest des Skeletts. Oder es gab dafür Interessenten. Einen vollständigen Sauropodenschädel zu finden ist für Paläontologen jedenfalls ein seltener Glücksfall. Gehört man zu den wenigen, denen ein solcher Coup im Freiland gelingt, kann man das sporttaschengroße Ding von einem sündhaft teuren Computertomografen in virtuelle Scheiben schneiden lassen, um das darin vor langer Zeit enthaltene Gehirn zu rekonstruieren und es dem Betrachter dann in seiner ganzen erstaunlichen Kleinheit aus allen möglichen Perspektiven vor Augen zu führen. Sicher steuerte dieses Gehirn alles, was es für diese Tiere zu steuern gab, aber, nun ja, seine Größe war kaum der Rede wert. Stünde unser Gehirn im gleichen Größenverhältnis zu unserem Körper wie das der Sauropoden zu dem ihren, müsste man im dann völlig überdimensionierten leeren Schädel lange nach ihm suchen. Das Denkorgan, das diesen Namen wohl kaum noch verdiente, wäre nur so groß wie eine Erbse.

Über ein zweites Gehirn, von dem man immer wieder hört und liest, haben diese Tiere übrigens nicht verfügt. Sicher gab es auch außerhalb des Gehirns größere Ansammlungen von Nervenzellen, sogenannte Plexi, die zum Beispiel die Bewegungen von Schwanz und Extremitäten zu koordinieren halfen. Ein zweites Gehirn waren sie deshalb noch lange nicht. Die Vorstellung beruht wahrscheinlich auf unserem Erstaunen, ja Unglauben, dass ein so kleines Gehirn für diese Riesen ausreichend gewesen sein soll. Alles an ihnen war gewaltig, allein das Herz hatte, wie bei einem Wal, die Ausmaße eines Kleinwagens, nur vor dem Hirn, der Steuerzentrale, hatte der Gigantismus der Sauropoden Halt gemacht. Man denke allein an die Entfernungen. Wenn ein Artgenosse einem Tier auf die Schwanzspitze trat oder ein Räuber zubiss, wie lange dauerte es dann wohl, bis der Reiz nach 30 oder gar 50 Metern am anderen Körperende ankam und das betroffene Tier Schmerz empfand und reagierte? Wahrscheinlich wurde die weit entfernte Zentrale mit derlei Unbill gar nicht belastet. Das erledigte das Rückenmark oder ein nah gelegener Plexus quasi vor Ort über einen Rückziehreflex. Und für Raubdinosaurier, die so verrückt waren, einen ausgewachsenen Sauropoden anzugreifen, empfahl es sich ohnehin nicht, ausgerechnet am Schwanz zuzupacken.

Die Idee eines zweiten Gehirns auf Höhe des Schwanzansatzes ist schon relativ alt. Bei knochenplattenbewehrten Stegosauriern hatte man an dieser Stelle eine Verbreiterung des Wirbelkanals entdeckt, die ein Mehrfaches des Gehirnvolumens ausmachte, und sie in Gedanken ausschließlich mit Nervenzellen gefüllt, weil die ja im Kopf zu fehlen schienen. Heute geht man davon aus, dass sich dort, neben einem Nervenplexus, wie bei Vögeln ein großer Glykogenkörper befand, sozusagen ein Energiedepot. Es stand der Schwanzmuskulatur und dem Nervensystem zur Verfügung.

Wir müssen noch einmal zu den Luftsäcken zurückkehren, denn nach Auffassung einiger Fachleute kommt ihnen eine entscheidende Bedeutung zu, wenn man den Erfolg der Dinosaurier verstehen will. Bei Vögeln befinden sich diese Luftsäcke nicht nur in den Knochen, sondern im ganzen Körper, wobei beide Hohlraumsysteme untereinander und mit der Lunge verbunden sind. In der Regel gibt es neun solcher Luftsäcke, die einen beträchtlichen Teil des Körpers einnehmen und sich bis in die Knochen hinein ausdehnen. Obwohl die Existenz dieser Luftsäcke schon lange bekannt war, sind ihre wirkliche Größe und ihr komplexer Bau erst vor wenigen Jahren erkannt worden. Ob auch die Dinos darüber verfügten, ist unklar, denn sie sind fossil nicht erhalten, es gibt aber starke Hinweise in dieser Richtung. In bestimmten Knochen von Sauropoden und Theropoden hat man Öffnungen gefunden, deren Entsprechungen bei Vögeln die Hohlräume in den Knochen mit benachbarten Luftsäcken in der Körperhöhle verbinden. Vermutlich sind die Luftsäcke eine schon relativ alte evolutionäre Erfindung, die die Tiere von ihren gemeinsamen Vorfahren geerbt haben.

Luftsäcke und Lunge befähigen die Vögel und wahrscheinlich eben auch schon die damit ausgestatteten Nicht-Vogel-Dinosaurier zu einer Art der Atmung, die sich grundsätzlich von der anderer Wirbeltiere unterscheidet. Ihre Lunge kann sich nämlich nicht verformen, um Luft anzusaugen, stattdessen fungieren die großen Luftsäcke als Blasebälge, die die Luft beim Einatmen und beim Ausatmen durch die Lunge pressen. Der Gasaustausch findet nicht in Lungenbläschen statt, sondern an lappenförmigen Ausstülpungen, die die innere Lungenoberfläche vergrößern. Atemluft und Blut begegnen sich dort nach dem Gegenstromprinzip, was eine wesentlich effektivere Sauerstoffaufnahme gewährleistet als bei Säugetieren, die durch das gleiche Rohr, die Luftröhre, ein- und ausatmen müssen. Auf Meereshöhe liegt der Effektivitätsvorsprung der Luftsackatmung bei über 30 Prozent, in 1500 Metern Höhe schon bei 200 Prozent.

Nach Auffassung einiger Paläontologen, insbesondere der von Peter Ward und dem kalifornischen Geobiologen Joe Kirschvink, war diese effektive Atmung dafür verantwortlich, dass die damals noch relativ kleinen Dinosaurier nicht wie viele andere Echsengruppen dem Massensterben an der Trias-Jura-Grenze zum Opfer fielen. Denn der Sauerstoffgehalt der Luft hatte gegen Ende der Trias einen Tiefststand erreicht und lag mit zehn bis zwölf Prozent nur bei der Hälfte des heutigen Wertes, so tief wie seit mehreren Hundert Millionen Jahren nicht mehr. Schon auf Meereshöhe enthielt die Luft damals weniger Sauerstoff als heute in 1500 Metern Höhe. Ein Organismus, der sich diese knappe und lebenswichtige Ressource effektiver beschaffen konnte als andere, befand sich eindeutig im Vorteil. Während die Konkurrenz ausgedünnt oder, wie im Falle der Säugetiere, zu einer Nischenexistenz verdammt wurde, wuchsen die Dinosaurier mit dem im Jura langsam wieder steigenden Sauerstoffgehalt zu Riesen heran, wie sie die Welt noch nicht gesehen hatte.

Dieses System, das große Mengen Luft durch den ganzen Körper einschließlich der Knochen pumpen konnte, hatte wahrscheinlich noch eine weitere wichtige Funktion. In den Muskeln und vor allem im gewaltigen Darmtrakt der Sauropoden, in dem große Mengen Pflanzenmaterials vor sich hin rotteten, wurde viel Wärme produziert, möglicherweise so viel, dass es gefährlich werden konnte. Je größer Tiere werden, desto ungünstiger ist das Verhältnis ihres Volumens zur Oberfläche. Deshalb haben große Tiere wie Elefanten und Rhinozerosse oder auch Sauropoden eine nackte Haut. Ihr Problem besteht nicht darin, Wärmeverlust durch irgendeine isolierende Hautbedeckung zu vermeiden, sie müssen überschüssige Wärme loswerden. Das pneumatische System fungierte als eine Art körpereigene Klimaanlage, die mit jedem Atemzug einen Teil der im Inneren produzierten Wärme nach außen abführte.

In kaltem Klima, wie es zum Beispiel in Alaska herrscht, das auch in der Kreidezeit weit nördlich lag, verschaffte ihr Körpervolumen den Tieren einen Vorteil. Große Dinosaurier produzierten mit einer relativ geringen Stoffwechselrate in ihrem Inneren genug Wärme, um aktiv zu bleiben und nicht auszukühlen. Deshalb schafften sie es, sich auch in Gegenden mit ausgedehnten Frostperioden zu behaupten, während die wärmebedürftigen Krokodile dort nicht leben konnten, ein Fall von Gigantothermie, die auch heute noch an einigen großen Schildkrötenarten zu beobachten ist.

Für Sauropoden und für T. rex und die anderen großen Fleischfresser lohnte es sich daher wirklich, tief durchzuatmen. Ihr Atmen reicherte nicht »nur« das Blut mit Sauerstoff an, so effektiv, wie kein anderes Wirbeltier es vermochte, es stabilisierte und entlastete darüber hinaus Knochen und Gelenke des pneumatischen Skeletts und wirkte einer inneren Überhitzung entgegen.

Auf die Frage, wie der Gigantismus der Sauropoden derart erfolgreich sein konnte, scheint es also nicht nur eine Antwort zu geben. Ein internationales Forscherteam um den Bonner Paläontologen Martin Sander hat eine ganze Reihe von Faktoren identifiziert, die zu diesem Erfolg beigetragen haben, und spricht deshalb von einer »evolutionären Kaskade«. Bestimmte Eigenschaften und Merkmale der Sauropoden, alte wie neue, haben sich gegenseitig stimuliert und ermöglicht. Die Vogellunge mit den Luftsäcken war eines davon, eine relativ hohe Stoffwechselrate ein zweites. Die

Die Tabelle der Erdzeitalter

Millionen Jahre vor der Jetztzeit	Ereignis	Periode	Ära
0		Jetztzeit	
		Neogen	**Känozoikum** (Erdneuzeit)
24			
		Paläogen	
65	Aufstieg der Säugetiere		
	Massenaussterben	Kreide	**Mesozoikum** (Erdmittelalter)
145	Blütenpflanzen werden dominant		
		Jura	
201			
	Massenaussterben	Trias	
	Pangaea beginnt zu zerbrechen, erste Blütenpflanzen entstehen		
252	Massenaussterben		
		Perm	**Paläozoikum** (Erdaltertum)
286	Pangaea entsteht		
		Karbon	
360	Massenaussterben		
		Devon	
408	erste Landpflanzen entstehen		
		Silur	
438	Massenaussterben		
		Ordovizium	
505	erste Fischartige entstehen		
		Kambrium	
570			

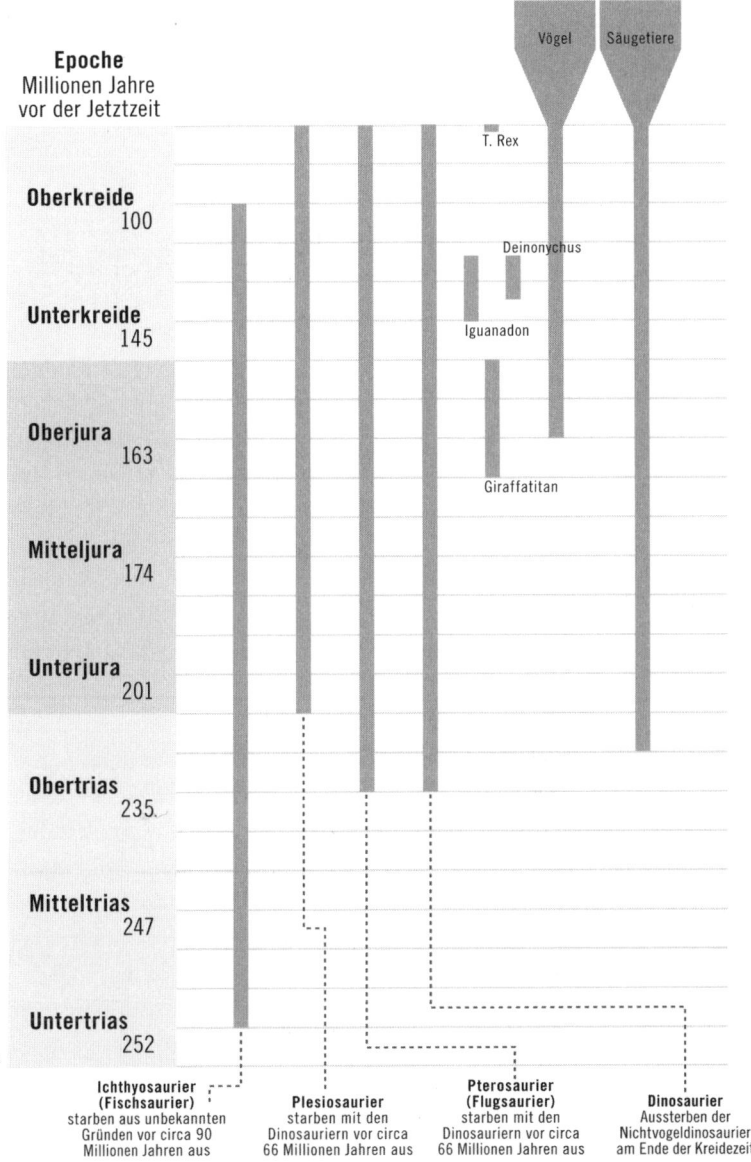

Epoche
Millionen Jahre
vor der Jetztzeit

Vögel   Säugetiere

T. Rex

Oberkreide
100

Deinonychus

Unterkreide
145

Iguanadon

Oberjura
163

Giraffatitan

Mitteljura
174

Unterjura
201

Obertrias
235

Mitteltrias
247

Untertrias
252

**Ichthyosaurier
(Fischsaurier)**
starben aus unbekannten
Gründen vor circa 90
Millionen Jahren aus

Plesiosaurier
starben mit den
Dinosauriern vor circa
66 Millionen Jahren aus

**Pterosaurier
(Flugsaurier)**
starben mit den
Dinosauriern vor circa
66 Millionen Jahren aus

Dinosaurier
Aussterben der
Nichtvogeldinosaurier
am Ende der Kreidezeit

Lunge und das mit ihr verbundene pneumatische System ermöglichten die Ausbildung langer Hälse, die über den Wärmeverlust, der dort stattfand, wiederum den Stoffwechsel ankurbelten. Die enorme Körpergröße, zu der die Hälse und kleinen Köpfe beitrugen, bewirkten, dass die Tiere für Raubtiere immer unangreifbarer wurden, was noch längere Hälse und noch größere Körper entstehen ließ.

Ein entscheidender Aspekt dieser evolutionären Kaskade betrifft die Aufnahme und Verarbeitung der Nahrung. Der Kopf der Sauropoden war klein und konnte klein bleiben, weil die Tiere ihre Nahrung nicht kauten. Deshalb wurde weder eine starke Muskulatur mit entsprechend robusten Angriffsflächen am knöchernen Schädel benötigt noch ein Kiefergelenk, das Kaubewegungen ermöglichte. Die Tiere bissen ins Blätterdach hinein oder – im Mikroskop erkennbare parallele Kratzer auf ihren Zahnoberflächen deuten darauf hin – sie streiften die Blätter zwischen den Zähnen ab, indem sie den Kopf nach hinten oder zur Seite bewegten, und schluckten die Ausbeute dann unzerkaut hinunter. Wie bei Rhinozeros und Flusspferd waren ihre breiten Mäuler dafür konstruiert, große Mengen an Vegetation in sich hineinzufressen, es waren keine Präzisionsinstrumente, mit denen die Tiere sich gezielt einzelne Leckerbissen herauspicken konnten.

Wenn oben bei der Nahrungsaufnahme nicht gekaut wurde, dann musste die Zerkleinerungsarbeit eben ein Stockwerk tiefer, hinter der langen Rutschbahn des Halses, mithilfe von sogenannten Magensteinen oder Gastrolithen stattfinden. So dachte man jedenfalls, und wieder lieferten Vögel als lebende Verwandte entscheidende Hinweise. Manche Arten, wie das Auerhuhn, sind darauf angewiesen, dass die gefressene Nahrung im Muskelmagen mithilfe von Steinen, die schon von Jungtieren aktiv aufgenommen werden, zermahlen und zerkleinert wird. Und genau so machten es auch die Dinosaurier, vermutete man. Die Steine, die man in einigen Dinosaurierskeletten, aber auch in fossilen Fischsauriern gefunden hat, waren scheinbar der Beweis, dass im Inneren der Tiere eine Magenmühle am Werke war.

Bonner Wissenschaftler haben diese Auffassung schon vor zehn Jahren durch Experimente mit Afrikanischen Straußen widerlegt. Magensteine, die eindeutig Sauropoden zugeordnet werden können, gibt es ohnehin nur sehr wenige. Typischerweise weisen sie eine glatte und glänzende Oberfläche auf, ganz anders, nämlich stumpf und rau und ziemlich angegriffen, sehen aber Gastrolithen aus, die aus der Magenmühle eines Straußes stammen. Darüber hinaus sind die Steinmengen, die man gefunden hat, viel zu klein, um das zu leisten, was in einem Sauropodenmagen an Zerkleinerungsarbeit zu leisten wäre.

Anfang des neuen Jahrtausends fanden indische Wissenschaftler in versteinertem Kot von Titanosauriern, den schon von William Buckland so geschätzten Koprolithen, neben Resten von Koniferen und Palmen auch die mehrerer Gräserarten, was damals viele Fachleute überraschte. Man hatte nicht geahnt, dass so früh in der Erdgeschichte schon moderne Gräser existierten, ein weiteres Beispiel dafür, dass in der Paläontologie jeder Fund völlig neue und unerwartete Erkenntnisse bringen kann. Interessant war diese Entdeckung auch deshalb, weil sie belegte, dass Titanosaurier bodennahe Pflanzen abweideten, was wiederum einiges über ihr Verhalten und die Beweglichkeit ihrer langen Hälse aussagte. So erklären sich wahrscheinlich die Steine, die man innerhalb der Skelette gefunden hat. Sie waren eine eher zufällige Beimengung beim Fraß von Farnen und anderem Bodenbewuchs. Vermutlich waren diese Riesen hinsichtlich ihrer Nahrungspflanzen nicht besonders wählerisch und stopften alles in sich hinein, was sich an Vegetabilien in ihrer Reichweite befand und mit ihren Zähnen »geerntet« werden konnte.

Die oben erwähnten indischen Koprolithen sind eine seltene Ausnahme. Leider gibt es darüber hinaus nur wenige fossile Belege dafür, was genau Dinosaurier gefressen haben. Im Vergleich zu Koniferen dürften Gräser aber nur eine untergeordnete Rolle gespielt haben. Es ist schwer vorstellbar, dass Tiere mit dem Nahrungsbedarf eines tonnenschweren Sauropoden ausgerechnet die Pflanzen verschont haben sollen, die damals am häufigsten waren und riesige Wälder bildeten.

Nadelgewächse sind allerdings keine einfach zu konsumierende Nahrung. Energie enthalten sie genug, und nachdem sie abgefressen wurden, regenerieren sie sich schnell. Aber um sie als Nahrungsquelle nutzen zu können, muss man erst einmal an sie herankommen. Das war nicht so einfach, denn spätestens seit dem frühen Jura strebten immer mehr Koniferen in die Höhe. Aus Sträuchern und Büschen wurden Bäume, dann Baumriesen, und um deren Blätter bzw. Nadeln zu erreichen, gab es irgendwann nur noch zwei Möglichkeiten: Entweder kletterte man, was für größere Saurier nicht infrage kam, oder man wuchs selbst auch in die Höhe.

Genau das taten die Sauropoden. Sie wurden größer und ihre Hälse länger, und sie behielten trotz der immer schwerer werdenden Körper eine Fähigkeit bei, die sie von ihren Vorfahren geerbt hatten: Sie waren – leider gibt es dafür keinen deutschen Begriff – *hindlimb dominant*. Obwohl sie sich normalerweise auf vier Füßen bewegten, blieben die Hinterbeine das dominante Extremitätenpaar. Sie waren wesentlich größer und stärker als die Vorderbeine, lieferten während der Fortbewegung die Schubkraft und verliehen den gewaltigen Tieren die Fähigkeit, sich durch Gewichtsverlagerung auf die Hinterbeine aufzurichten und damit als einzige Dinosaurier in wirklich beträchtliche Höhen vorzustoßen.

Nicht alle Paläontologen glauben an diese Fähigkeit, auch wenn Steven Spielberg sie uns gleich in seiner ersten Dino-Szene vorführt. Manche behaupten, das Herz der Tiere hätte kapitulieren müssen, wenn es das Blut in derart luftige Höhen hätte pumpen sollen. Wegen der unvermeidlichen Blutdruckschwankungen beim Heben und Senken des Halses hätte großen Sauropoden buchstäblich Hören und Sehen vergehen müssen. Ihre Gegner verweisen demgegenüber auf Giraffen, die sehr gut mit diesen Problemen leben können. Ihre kräftig gebauten Gefäße sind gegenüber einem plötzlichen Blutdruckanstieg unempfindlicher als die Pendants in kurzhalsigen Huftieren. Die meisten Forscher sind daher überzeugt, dass Argentinosaurus und Co. regelmäßig Männchen machten und dabei sogar eine wesentlich bessere Figur abgaben als Zirkuselefanten, denen die aufgezwungene Zweibeinigkeit nicht liegt. Der Schwanz könnte dabei als drittes Bein fungiert und den Körper hinten abgestützt haben.

Ist die Vorstellung eines aufgerichteten, auf zwei Beinen stehenden Giganten nicht atemberaubend? Schon auf vier Beinen ruhend konnten die Tiere dank ihres Halses ein viele Quadratmeter umfassendes Gebiet abweiden, ohne sich von der Stelle zu rühren und viel Energie aufzuwenden. Stellten sie sich aber auf ihre Hinterbeine, erweiterte sich dieser Raum noch einmal beträchtlich nach oben. Problemlos hätten sie, mit den vorderen Extremitäten gegen die Fassade gestützt, über das Dach eines vierstöckigen Mietshauses schauen können.

Es gibt allerdings, wenn man auf Koniferenkost angewiesen ist, eine zweite Hürde, die vielleicht noch schwerer zu meistern ist, und auch sie begünstigte im Rahmen der evolutionären Kaskade die Entwicklung großer Körper. Nicht zuletzt, um sich gegen Tierfraß zu schützen, produzieren Koniferen, wie viele andere Pflanzen auch, schwer verdauliche und sogar giftige Inhaltsstoffe, und schon die Zellulose, der Hauptbestandteil der pflanzlichen Zellwand, ist eine derart schwer zu knackende chemische Verbindung, dass es heute keinen einzigen Pflanzenfresser auf der Welt gibt, von der Blattlaus bis zum Elefanten, der seine Nahrung allein und ohne Hilfe entgiften und verwerten könnte, und nichts spricht dafür, dass das im Erdmittelalter anders war.

Dazu kommt, dass die Nadeln bei einigen Koniferen dicht an den Ästen saßen, sodass Sauropoden beim Fressen sicher auch große Mengen an Holz aufnahmen, das noch schwerer zu verdauen ist. Termiten sind heute die einzigen Tiere, die Lignin, den Hauptbestandteil des Holzes, als Nahrung für sich und ihre Völker nutzen können, und auch sie benötigen dafür die Hilfe winziger Spezialisten. Es entbehrt nicht einer gewissen Ironie, dass die Ernährung der gewaltigsten Landtiere aller Zeiten letztlich auf den chemischen Fähigkeiten eines Milliardenheers mikroskopisch kleiner Einzeller beruhte.

Auch wenn deren biochemischer Werkzeugkasten sehr viel besser ausgestattet ist als der ihrer Dino-Wirte, sogar Mikroben brauchen Zeit, um aus grob zerkleinertem Pflanzenmaterial verwertbare Nährstoffe zu extrahieren. Der Darmkanal muss also lang sein und größere Fermentationskammern enthalten, in denen die Mikroben, vor allem Bakterien, auf das kaum zerkleinerte Pflanzenmaterial einwirken können. Deswegen besitzen pflanzenfressende Säugetiere wesentlich dickere Bäuche als ihre fleischfressende Verwandtschaft.

Allein anhand des Fossilienmaterials lassen sich diese Ernährungsfragen nicht beantworten. Wir sind daher auf Analogien und den gesunden Menschenverstand angewiesen. Niemand glaubt daran, dass Dinosaurier wie Kühe oder Rehe wiederkäuten, da viele Arten dafür gar nicht die Zahnausstattung besaßen. Da auch unter lebenden Dinosauriern, den Vögeln, einige Arten einen großen Blinddarm besitzen, der Verdauungsaufgaben übernimmt, gehen Dino-Forscher davon aus, dass Sauropoden mit Pflanzenkost so verfuhren, wie Pferde, Nashörner, Elefanten, Gorillas sowie Hühner- und Entenvögel es noch heute tun. Wahrscheinlich fand die Fermentation also in einem riesigen sackartigen Blinddarm oder Caecum statt und dauerte lange, wahrscheinlich Wochen. Heutige Galapagos-Riesenschildkröten, ebenfalls Vegetarier, behalten ihre Nahrung bis zu 28 Tage lang im Körper. Im schier endlosen Sauropodengedärm könnte es noch länger gedauert haben. Da bei der Fermentation Gase entstehen, dürfte man die andauernde Darmtätigkeit in der Nähe dieser Tiere auch gerochen haben. In einer

Fernsehdokumentation zum Thema nahm ein Experte kein Blatt vor den Mund: »Die Tiere rülpsten und furzten ununterbrochen.« Einmal in Gang gekommen, könnte die Mikrobentätigkeit nicht nur gasförmige Nebenprodukte, sondern tatsächlich auch genug Nährstoffe geliefert haben, um derart gewaltige Körper zu ernähren, vorausgesetzt, eine ausreichend große Menge dieser Fermentationsmasse befand sich lange genug im Körper und die Tiere sorgten kontinuierlich für Nachschub. Damit Elefanten auf ihre 200 Kilogramm Nahrung kommen, müssen sie zwei Drittel eines 24-Stunden-Tages mit Fressen verbringen. Ein 40 Tonnen schwerer Sauropode, so haben Experten ausgerechnet, benötigte aber mehr als doppelt so viel, etwa eine halbe Tonne. Schafften die Tiere es überhaupt, so viel Nahrung in sich hineinzuschlingen? Eine Dino-Tagesration hätte einen Container von vier Kubikmetern Inhalt gefüllt und ein Tag hat nur 24 Stunden. Im Erdmittelalter waren es sogar noch ein paar Minuten weniger.

Sie schafften es, aber nur, wenn sie wenig anderes taten, als zu fressen. Die seltsamen Mäuler der Sauropoden waren so konstruiert, dass der mit Zähnen besetzte, Nahrung aufnehmende Raum proportional wesentlich größer war als bei pflanzenfressenden Säugetieren heute. Sie langten mit einem Biss also ordentlich zu. Und trotz fehlender Kaumuskulatur konnte sich auch ihre Beißkraft sehen lassen. Computermodellen zufolge war sie vergleichbar mit der eines großen Pferdes. Biss ein großer Sauropode mit dieser Kraft pro Minute ein bis sechs Mal zu – das ist die Frequenz, die man bei Giraffen beobachtet hat –, und erwischte er dabei jedes Mal etwa ein Pfund Blätter und Äste, mindestens jedoch 100 Gramm, dann hätte er nach 16 Stunden tatsächlich seinen Tagesbedarf zu sich genommen, etwa 1,5 Prozent seines Körpergewichts. So weit, so gut.

Irgendwann, nach wochenlanger Arbeit der Mikroben, musste das, was nach dem Fermentationsprozess noch übrig war, den Körper wieder verlassen. Ersparen wir uns die sensorischen Ein-

zelheiten, die mit diesem Vorgang verbunden waren. Das Erdmittelalter war bestimmt nicht die Zeit für allzu empfindsame
Gemüter. Das Zeug hatte immerhin für Wochen unter Luftab-
schluss vor sich hin gemodert...

Betrachten wir das Positive. Rechnet man von den Kotmen-
gen, die ein Elefant produziert, auf einen 80-Tonner hoch, vielleicht einen ausgewachsenen Argentinosaurus, erhält man einen
oder mehrere tägliche Haufen, die zusammen 1500 Kilogramm
wiegen würden, das Gewicht eines voll besetzten VW Golfs VII.
Ein einziger Trupp von zehn jungen erwachsenen Sauropoden
hätte demnach jeden Tag 15 Tonnen Kot in der Landschaft hinterlassen, Ausscheidungen, die sicher, neben unzähligen Pflanzen-
samen samt Düngung, noch viel Verwertbares enthielten. Dafür
interessierte sich, damals wie heute, eine ganze Armee lebendi-
ger Entsorgungsspezialisten, die auf nichts anderes warteten, als
über einen solchen Riesenhaufen frischen Dino-Kots zu stolpern.
Ein guter Moment, um sich noch einmal daran zu erinnern, dass
Dinosaurier die Erde nicht allein bewohnten, sondern Teil komplexer Gemeinschaften waren, in denen sie zwar die größten und
schwersten Lebewesen waren, aber sicher nicht die artenreichs-
ten und vielleicht nicht einmal die wichtigsten.

Insekten gab es damals schon in großer Zahl. Heute sind drei
Viertel aller Tierarten Insekten, und in einer Welt ohne Insektizide,
ohne riesige monotone Land- und Forstwirtschaftsflächen wäre
ihre Vielfalt vermutlich noch erheblich größer. Neben einem T. rex
oder Triceratops mögen selbst die spektakulärsten Insekten unbe-
deutend wirken, und doch konnten einige von ihnen für die viel
größeren Dinosaurier gleich in mehrfacher Hinsicht Schicksal spielen, zum Beispiel als Parasiten und Überträger von Krankheiten.
Zweifellos wurden Dinos von unzähligen Blutsaugern gepiesackt,
und nicht wenige dürften durch dabei übertragene Krankheiten
zugrunde gegangen oder derart geschwächt worden sein, dass sie
zur leichten Beute der Raubsaurier wurden.

Auch diese blieben von Parasiten nicht verschont. Wahrscheinlich steckten sie sich durch infizierte Beutetiere oder bei Kämpfen mit Artgenossen an. Australische Wissenschaftler vertreten die Ansicht, dass die auffälligen Löcher in den Kieferknochen mehrerer Tyrannosaurier wahrscheinlich das Resultat eines Befalls durch Trichomonaden gewesen seien, einzelligen Parasiten, unter denen auch heute lebende Vögel leiden. Im Jahr 2009 verursachten sie in Deutschland ein Grünfinkensterben. Auch bei zwei der untersuchten Tyrannosaurier waren die gefundenen Läsionen so schwerwiegend, dass die Tiere vermutlich an der Infektion gestorben sind.

Aus China kennt man fossile kreidezeitliche Flöhe, deren Fußanatomie auf Wirte mit einer Körperbedeckung aus Haaren oder Federn schließen lässt. Säugetiere mit ihrem Haarkleid kommen als Wirte aber kaum infrage, denn sie waren damals relativ klein und die Flöhe immerhin zwei Zentimeter groß. Wahrscheinlich hielten sich die monströsen Blutsauger an die gefiederten Dinosaurier, für die China so berühmt ist. Sie könnten somit die Vorfahren der heute an Vögeln lebenden Floharten sein.

Eine erstaunliche Karriere erlebten Mücken voller Dino-Blut, die, eingeschlossen in kreidezeitlichen Bernstein, viele zehn Millionen Jahre nach ihrem Tod für eine literarische und mediale Wiedergeburt ihrer Opfer sorgten – sicher ahnen Sie, worauf ich anspiele. Denn die Dino-DNA, der die lebenden Echsen des *Jurassic Park* ihre imaginäre Existenz verdanken, stammte aus genau dieser Quelle. Dino-Blut vermuten deutsche Forscher tatsächlich in einer 100 Millionen Jahre alten Zecke, die sie gerade in burmesischem Bernstein aufgespürt haben. Das Tier ähnelt heute vorkommenden Arten, die hauptsächlich Reptilienblut saugen. Seriöse Forscher halten die Wahrscheinlichkeit allerdings für sehr gering, dass sich Dinosaurier auf diese Weise wirklich zum Leben erwecken lassen.

Fast die Hälfte aller Insektenarten ernährt sich jedoch weder von Blut noch von ihresgleichen, sondern von Pflanzen, und diese

Tiere sind es, die, von Savannen und Prärien abgesehen, in allen Landökosystemen der Welt die größte Menge an pflanzlicher Biomasse verzehren. Damit sind und waren sie die wichtigsten Nahrungskonkurrenten aller anderen pflanzenfressenden Tiere, einschließlich der Dinosaurier.

Kehren wir zurück zu unserem 80-Tonner und versuchen wir uns vorzustellen, was wohl geschah, wenn Sauropoden (oder andere Dinosaurier) sich erleichterten. Die Zoologen George und Roberta Poinar, Experten für kreidezeitliches Kleintierleben und die eigentlichen Urheber der Idee vom Dino-Blut im Mückendarm, vermuten das Folgende: »Noch bevor der letzte Rest der Ausscheidungen den Boden berührt hatte, knisterte die Luft von den vibrierenden Flügeln Tausender Mistkäfer in allen Größen und Formen. Von groß und rund bis klein und oval landeten die Käfer direkt auf oder neben dem ausgeschiedenen Material. Ohne zu zögern, begannen einige sich in den Kothaufen zu bohren, noch bevor die Dinosaurier sich entfernt hatten.«

Und so geht es weiter (Sie müssen jetzt ganz stark sein): Die abgesetzten Riesenhaufen begannen zu leben und wurden zu einem Ökosystem für sich, ein Gewimmel von unterschiedlichen Käferarten, von Fadenwürmermassen, die zuvor den Darm der Dinosaurier bevölkert hatten, von räuberischen Insekten und parasitischen Wespen auf der Suche nach Wirten und Beute, von faustgroßen Käferweibchen, die sich wie Minibulldozer durch den Dinosaurierkot gruben und dann weiter in die Erde hinein, wo sie die Gänge mit Dino-Dung vollstopften als Nahrung für ihre Larven. Anstatt an Ort und Stelle zu graben, formten andere tennisballgroße Mistbälle, die sie rasch mit ihren Hinterbeinen davonrollten und in sicherer Entfernung zusammen mit einem oder mehreren Eiern vergruben. George Poinar jr. und seine Frau Roberta schätzen, dass ein einziger zehn- bis fünfzehnköpfiger Sauropodentrupp mit seinem Kot mehrere 100 Millionen Käfer unterhielt, von diversen Fliegenarten und heute ausgestorbenen

Saurierkot fressenden Schaben gar nicht zu reden. Dinosauriermist war mit großer Sicherheit eine äußerst begehrte Ressource.

Natürlich hatten die Entsorgungsspezialisten unterschiedliche Vorlieben. Manche stürzten sich auf frischen Dung, andere warteten ab, weil sie es ein wenig trockener mochten, und wieder andere machten um Ausscheidungen generell einen Bogen und hielten sich lieber an die Kadaver toter Tiere. In jedem Fall verrichteten sie alle eine wichtige Arbeit, denn ohne sie wären ganze Landstriche früher oder später unbewohnbar geworden.

Was geschehen kann, wenn Spezialisten fehlen und niemand sich kümmert, war in Australien zu erleben, wo allerhand Käfer und andere Insekten die trockenen Ausscheidungen von Kängurus, Wombats und Dingos aus der Welt schaffen, aber niemand für die Fladen der von Menschen aus anderen Erdteilen eingeführten Kühe zuständig war. Da Rinder die Umgebung ihrer Ausscheidungen aus guten Gründen meiden, wurden ihre Weiden bald unbrauchbar und die Farmer hatten ein Riesenproblem. Nur die Fliegen, die sich als Einzige der Fladen annahmen, profitierten und wurden zur unerträglichen Plage, weil sie sich auch für die Gesichter der Menschen interessierten.

Übrigens, von Fliegenschwärmen umschwirrte Dinosaurierköpfe, das ist ein Bild, das uns alle Dino-Filme vorenthalten. Dabei kennt jeder das Phänomen – meist von bedauernswerten Rindern und Pferden. Das Ehepaar Poinar ist sich sicher, den Dinosauriern erging es nicht besser. In ihrem Buch, das den schönen Titel *What Bugged the Dinosaurs?* trägt – *Was nervte die Dinosaurier?* –, zählen sie 32 Ordnungen und 490 Insektenfamilien auf, die für die Kreidezeit fossil belegt sind. Nein, allein mit ihresgleichen waren Dinosaurier im Erdmittelalter bestimmt nicht.

5 USA – Knochenjäger und Dino-Fantasien

»Sie singen.«

Jurassic Park, USA 1993,
STEVEN SPIELBERG

Wie Tiere sich verhalten, hinterlässt in der Regel keine Spuren, die Millionen von Jahren überdauern, von Fußabdrücken einmal abgesehen. Dasselbe gilt natürlich auch für ihre Lautäußerungen. Singende Sauropoden – das ist eine hübsche Idee. Was ein freudestrahlender Dr. Alan Grant und die beiden Kinder erleben, als sie einen Baumriesen im »Jurassic Park« erklommen haben und ringsumher die langen Hälse der Brachiosaurier erblicken, gehorcht jedoch zuallererst dramaturgischen Erfordernissen. Nach der aufreibenden Flucht vor dem T. rex brauchen Protagonisten und Zuschauer dringend eine Verschnaufpause. Ob die Schwergewichte unter den Dinos wirklich gesungen haben oder nicht, wissen wir nicht. Schlimmer noch: Wir werden es wohl leider nie erfahren.

Hinter den vielen faszinierenden Details, die Paläontologen über ihre Schützlinge herausgefunden haben, gähnt ein schwarzer Raum unbekannten Ausmaßes, in dem all das verborgen ist, was wir über diese Tiere und ihr Zeitalter nicht wissen. Wir sind uns darüber im Klaren, dass da etwas sein muss, so wie die Astronomen davon überzeugt sind, dass es eine dunkle Materie und dunkle Energie gibt. Hunderte, vielleicht Tausende von Dinosaurierarten warten noch auf ihre Entdeckung, aber wie diese »dunkle Biomasse« des Erdmittelalters aussah, wie diese Tiere lebten und liebten, was sie taten und über welche Fähigkeiten sie verfügten, können wir nicht einmal erahnen. In diesem Raum sind ganze Regionen und Ökosysteme verborgen, in denen die Bedingungen für eine Fossilisation verendeter Tiere nicht gegeben oder ungünstig waren, in feuchten tropischen Wäldern zum Beispiel, in denen die Zersetzung zu schnell geht, oder in Gebirgen, wo die Abtragung die Ablagerung übertrifft. Wir sollten daher nie den Fehler begehen, unser Wissen über frühere Erdzeitalter für annähernd vollständig zu halten.

Streng genommen umgibt auch die Arten, mit denen wir uns heute den Planeten teilen, eine »dunkle Biologie«. Mit manchen leben wir quasi Tür an Tür und glauben, bestens mit ihnen vertraut zu sein. Und doch finden Wissenschaftler immer wieder neue verblüffende Details über sie heraus.

Gerade liefert eine Tiergruppe überraschende Erkenntnisse, die für Dinosaurierforscher besonders interessant sind. »Wir erleben derzeit einen grundlegenden Wandel des wissenschaftlichen Blicks auf Krokodile und andere Reptilien«, sagt der Wiener Verhaltensbiologe Stephan Reber. Die scheinbar so phlegmatischen Krokodile sind Archosaurier, nahe Verwandte der Dinosaurier also, und es zeigt sich, dass sie viel pfiffiger und kommunikativer sind als vermutet. Hätten Sie zum Beispiel gedacht, dass diese Echsen Stöckchen auf ihren Schnauzen platzieren, um damit Reiher anzulocken, die Baumaterial für ihre Nester suchen – der erste Nachweis von Werkzeuggebrauch bei Reptilien? Amerikanische Forscher konnten mehrfach beobachten, dass die Tiere mit dieser Strategie Erfolg hatten. Und was noch erstaunlicher ist: Sie zeigen dieses Verhalten nicht immer, sondern nur während der Nestbausaison, wenn die Vögel also tatsächlich auf der Suche nach Nistmaterial sind. Dass Raubtiere im Zyklus der Jahreszeiten Köder auslegen, um Beute anzulocken, ist sehr ungewöhnlich.

Wenn wir immer wieder derart Überraschendes über Tiere herausfinden, die wir in Gefangenschaft halten und züchten, die rund um die Uhr beobachtet, gefilmt und fotografiert werden und eigentlich nichts vor uns geheim halten können, um wie viel größer muss dieser schwarze Raum der Unkenntnis sein, wenn es um Lebewesen geht, die schon seit Millionen von Jahren ausgestorben sind und von denen wenig mehr übrig geblieben ist als versteinerte Knochen?

Viele paläobiologische Fragen, die nicht allein anhand dieser Überreste zu beantworten sind, beschäftigen die Forscher schon seit Jahrzehnten: Unterschieden sich Männchen und Weibchen, und wenn ja, wie? Kümmerten sich die Eltern um ihre Jungen? Gab es ein Sozialleben? Wie waren Dinosaurier gefärbt? Spekuliert wurde viel und gern, es schien jedoch kaum Hoffnung zu geben, dass man belastbaren Antworten je näher kommen könnte. Bis ... ja, bis dann in manchen Fällen doch die eine sensationelle Entdeckung gelang, die alles veränderte. Wir sollten die Hoffnung also nie aufgeben.

Bevor wir diesen schwarzen Raum wenigstens in Teilen auszuleuchten versuchen, müssen wir allerdings eine Lücke schließen. Denn was wir diesen Tieren zutrauen, hängt in hohem Maße davon ab, welche grundsätzliche Vorstellung wir von ihnen haben, welches Bild wir uns machen. Und das wiederum wird davon beeinflusst, welche Bilder wir zu sehen bekommen.

Worum es noch gehen soll (und schon gegangen ist – denken Sie an Männchen machende Sauropoden), verlangt den Tieren körperlich und mental einiges ab, und die Dinos, die wir Mitte des 19. Jahrhunderts in einem Londoner Park zurückgelassen haben, wären dazu wohl kaum in der Lage gewesen. Die jahrzehntelang bestaunten Kreationen von Benjamin Waterhouse Hawkins und Richard Owen waren schwerfällige, plumpe und kaltblütige Rieseneidechsen, aufgebläht zum mehrfachen Volumen eines Rhinozerosses.

In den Augen Owens stellten diese Tiere »die unleugbar vollkommensten Abwandlungen des reptilischen Typus« dar, Echsen, die den Säugetieren so nahe kamen wie nie zuvor. »Die Megalosaurier und Iguanodonten (...) müssen«, so Owen weiter, »als Vertilger tierischen Fleisches und pflanzlicher Nahrung die hervorragendste Rolle gespielt haben, die diese Erde jemals in eierlegenden Lebewesen verkörpert sah.«

In eierlegenden Lebewesen wohlgemerkt. Klar, unter Blinden ist der Einäugige König. Letztlich waren sie aber eben doch nur primitive Bewohner einer primitiven Erde. Den Tieren, die Hawkins nach Owens Vorgaben geschaffen hat, traut man gerade noch zu, einen Fuß behäbig vor den anderen zu setzen.

Wie konnten aus diesen schwerfälligen Kreaturen die furchterregenden, weil äußerst dynamischen und sogar intelligenten Biester werden, die uns in den *Jurassic-Park*-Filmen oder den Computeranimationen moderner Naturkundemuseen begegnen?

Auf verschlungenen Pfaden, müsste die Antwort lauten. Wir werden die Zeit bis in die Gegenwart der modernen Dinosaurierkunde aber im Zeitraffer durcheilen, können also nicht jeder Wendung nachgehen, auch wenn einige spannenden Stoff für eine ausführlichere Darstellung bieten würden. Zum Beispiel die »Knochenkriege«, *Bone Wars,* Ende des 19. Jahrhunderts zwischen den beiden Egomanen und paläontologischen Pionieren der USA Edward Drinker Cope und Othniel Charles Marsh, der eine nach verschiedenen Zwischenstationen Professor an der University of Pennsylvania, der andere, Marsh, an der Yale University in New Haven.

Natürlich wurden auch andernorts Dinosaurier gefunden, in Europa, in Indien. Die Russen entsandten Expeditionen in die Mongolei, deutsche Wissenschaftler vom Berliner Museum für Naturkunde kehrten 1913 mit 250 Tonnen Dinosaurierknochen aus dem tansanischen Tendaguru zurück, eine der erfolgreichsten Expeditionen aller Zeiten. Noch heute lagern Dutzende von Behältern mit Material dieser Expedition ungeöffnet im Knochenkeller des Museums.

Von 1909 bis 1913 entsandte das Berliner Museum für Naturkunde eine Expedition zum Tendaguru, einer berühmten Fossilienlagerstätte in Tansania. Hier die imposante Trägerkolonne mit der Grabungsausbeute kurz vor dem Aufbruch Richtung Küste.

Das Zentrum des Geschehens hatte sich aber bereits in der zweiten Hälfte des 19. Jahrhunderts von der Alten in die Neue Welt verlagert, nach Nordamerika und dort schließlich vor allem in den Wilden Westen des Kontinents, wo in riesigen Gebieten Gesteine des Erdmittelalters an der Oberfläche lagen und mitsamt ihrer wertvollen fossilen Fracht vor sich hin erodierten. Cope und Marsh, die sich fern der Heimat in Berlin kennengelernt hatten, anfangs noch zusammenarbeiteten und große Hochachtung füreinander empfanden, arrangierten sich mit den dort lebenden Indianern, führten eine Grabungskampagne nach der anderen durch und füllten in einem immer irrwitziger werdenden Wettstreit die Knochendepots ihrer jeweiligen Institutionen und der großen Museen an der Ostküste. Dabei schreckten sie auch vor gegenseitigen Verleumdungen und Sabotage nicht zurück. Nach Abschluss der Grabungen verwüsteten sie ihre Fundstellen, damit die dort noch lagernden Fossilien nicht in die Hände des Konkurrenten fallen konnten.

Marsh, der nach allgemeinem Dafürhalten als Sieger aus den »Knochenkriegen« hervorging, bezeichnete die Western-Legende Buffalo Bill und den Sioux-Häuptling Red Cloud als seine Freunde. Von den Indianern wurde er »Häuptling Großer Knochen« genannt. Die Mythen der Knochenjäger und des Wilden Westens verschmolzen zu einer untrennbaren Einheit. »Vom Wildwest-Mythos ausgehend wurde der Dinosaurier für die USA etwas Ähn-

Dieses Foto aus dem Jahr 1872 zeigt keine Bande von Posträubern, sondern den vollbärtigen Othniel Charles Marsh im Kreise seiner jungen Grabungsassistenten. Marsh war einer der herausragenden Paläontologen des 19. Jahrhunderts, Professor in Yale, einer der Mitgründer des Peabody-Museums für Naturgeschichte und während der *Bone Wars* erbitterter Gegenspieler von Edward Drinker Cope.

liches wie Mickey Mouse, Coca-Cola und der Kaugummi«, schreibt Alexis Dworsky, »ein fast allgegenwärtiges Nationalsymbol der Trivialkultur.«

Ausgerechnet eine Mineralölfirma hatte daran großen Anteil. Tausende von Tankstellen dieses Riesenlandes zeigen ihn noch heute: den grünen Brontosaurus, der heute Apatosaurus heißt und aussieht, als sei er einem Disney-Zeichentrickfilm entsprungen, das Logo von Sinclair Oil, oft noch unterstützt durch eine große Skulptur in der gleichen Farbe.

Der Mineralölkonzern hatte um die Jahrhundertwende die Expeditionen von Barnum Brown finanziert, dem Entdecker des ersten Tyrannosaurus-rex-Teilskeletts, und zeigte während der Weltausstellung in Chicago (1933/34) ein lebensgroßes Modell seines Firmendinosauriers. In millionenfacher Ausfertigung wurden Sinclair-Sammelalben für Dinosaurierbilder unter die Leute gebracht, »eine Werbeaktion«, erfahren wir von Alexis Dworsky, »die (...) vielfach aufgegriffen wurde, in Deutschland etwa durch Erdal-Schuhcreme und Kwack-Bohnerwachs«.

Auf der New Yorker Weltausstellung, 30 Jahre später (1964), präsentierte der Konzern dann sogar einen veritablen Dinosaurierzoo, Sinclairs »Dinoland«, neun nach dem neusten Stand der Technik animatronisch bewegliche Fiberglasskulpturen, die werbewirksam per Schiff über den Hudson River zum Ausstellungsgelände transportiert wurden.

Sinclairs Dinosaurier formten das Dino-Bild von Generationen, in Amerika und anderswo. Dreizehn Jahre lang war ein fast 30 Meter langer heliumgefüllter Ballon in der Form des Firmendinos die Attraktion der Macy's Thanksgiving Day Parade durch Manhattan.

Big is beautiful. Es passte einfach wunderbar zusammen. Wo sonst hätten die größten Landtiere, die es je gab, eine angemessenere Heimstatt finden können als in diesem riesigen und großartigen Land? Es war das *Gilded Age*, die Blütezeit der US-amerikanischen

Wirtschaft, und ein Goldenes Zeitalter der Paläontologie. Europa fiel hoffnungslos zurück, denn Cope und Marsh beschrieben neben anderen ausgestorbenen Tieren nicht weniger als 142 neue Di-

Dreizehn Jahre lang war der über 20 Meter lange Sinclair-Dino-Ballon eine beliebte Attraktion der Thanksgiving Day Parade durch die Straßenschluchten Manhattans. Bevor endgültig die Luft rausgelassen wurde, ernannte man ihn 1975 zum Ehrenmitglied des American Museum of Natural History.

Im Rahmen der Weltausstellung 1964 in New York wurden animatronisch bewegte Dino-Modelle per Schiff auf dem Hudson River zum »Sinclair Dinoland« transportiert.

nosaurierarten – 32 davon werden heute noch anerkannt –, darunter viele der berühmten Gestalten, deren Namen im 21. Jahrhundert jedes Kind kennt: Triceratops, Stegosaurus, Allosaurus, die Sauropoden Apatosaurus (früher Brontosaurus) und Diplodocus und andere mehr. Und die beiden Kontrahenten waren nicht die einzigen Knochenjäger, die im Boden der neuen Welt fündig wurden.

Obwohl es den Menschen meist nicht bewusst ist, sind es vor allem diese amerikanischen Arten, die unsere Vorstellung geprägt haben. Die Namen europäischer Dinosaurier kennt heute kaum jemand, von den Bewohnern anderer Erdteile ganz zu schweigen. Die Amerikaner dagegen sind in aller Munde und Triceratops, Stegosaurus, Tyrannosaurus und Brontosaurus wurden zu Ikonen der Paläontologie und ihrer Bilderwelt. Weil professionelle Fossilienjäger von der anderen Seite des Atlantiks über Jahrzehnte einen spektakulären Fund nach dem anderen meldeten, wurden Dinosaurier auch in der europäischen Öffentlichkeit bald als ein weitgehend amerikanisches Phänomen wahrgenommen.

Die Gründe dafür sind ausschließlich historischer und kultureller Art. Dinosaurier waren weltweit verbreitet. Paläontologisch gesehen, gibt es nicht den geringsten Grund, einen Kontinent im Vergleich zu anderen herauszustellen. Nach wie vor ist es aber für jedes naturhistorische Museum das Größte, einen T. rex auszustellen, auch wenn andere Erdteile mit ähnlich spektakulären Raubtieren aufwarten konnten. Doch Carcharodontosaurus, Torvosaurus, Giganotosaurus und Co. werden einem T. rex nie das Wasser reichen können. Ihre Namen sind nur Spezialisten geläufig und es ist ein ungleicher Wettbewerb. Wer kann es schon, auch bei noch so gutem Aussehen, mit Weltstars vom Range eines Bruce Willis oder Tom Cruise aufnehmen?

Und dann schaltete sich auch noch Andrew Carnegie ein, ein gebürtiger Schotte, der es als Stahlunternehmer zum reichsten Menschen der Welt gebracht hatte, ein Mann, der den Amerikanischen Traum verkörperte wie kein zweiter. Für sein Carnegie Museum of Natural History in Pittsburgh hielt er nach einem richtig großen Ausstellungsstück Ausschau und erfuhr schließlich von der Entdeckung eines Paläontologen der University of Wyoming, die ihm genau das zu liefern versprach. Carnegie finanzierte die Ausgrabungen, übernahm die Kosten für Präparation und Aufstellung und wurde für dieses Engagement gleich auf zweierlei Weise belohnt, mit dem damals größten nahezu vollständigen Skelett eines Dinosauriers und der Tatsache, dass dieses spektakuläre Tier, natürlich ein Sauropode, durch den Paläontologen John Bell Hatcher benannt wurde: Diplodocus carnegii.

Das Fossil wurde zu einem der bekanntesten Dinosaurier der Welt, weil Andrew Carnegie sich nicht damit zufriedengab, das Originalskelett in seinem Museum in Pittsburgh auszustellen. Er ließ von jedem einzelnen Knochen seines Diplodocus Gipskopien anfertigen und verschenkte sie in alle Welt, unter anderem an die wichtigsten Naturkundemuseen Europas, die der Verlockung, das größte Landtier aller Zeiten auszustellen, nicht widerstehen konnten. 1905 wurde die erste Kopie im British Museum of Natural History präsentiert, ein symbolträchtiger Vorgang, wenn man bedenkt, dass man die Dinosaurier dort 50 Jahre zuvor noch als etwas typisch Britisches für sich beansprucht hatte. Jetzt machte ihnen Carnegie deutlich, wo die wirklichen Giganten gelebt hatten und wer dafür sorgte, dass sie ausgegraben und in den Metropolen der Welt gezeigt werden konnten. 1908 waren Berlin und Paris an der Reihe, dann folgten Wien, Bologna, St. Petersburg und Madrid.

Natürlich waren die Menschen begeistert. Sie strömten in die Museen und bewunderten, was Cope, Marsh, Hatcher und andere aus amerikanischem Boden geholt und dann zu staunenswerten Skeletten zusammengesetzt hatten. Aus der Handvoll Arten zu Zeiten Owens und Bucklands war peu à peu ein Zoo mit Dutzenden anatomisch sehr unterschiedlichen Dinosauriern geworden. Und es waren fantastische Fundstücke darunter, mit Carnegies nahezu vollständigem Diplodocus an der Spitze, kein Vergleich zu den wenigen Fragmenten, die die Vorstellungskraft eines Gideon Mantell über viele Jahre auf das Äußerste strapaziert hatten.

In der zweiten Hälfte des 19. Jahrhunderts beschäftigte sich einer der Pioniere der amerikanischen Dinosaurierforschung mit den ersten Entenschnabel- oder Hadrosaurier-Fossilien. Sein Name war Joseph Leidy, Professor für Anatomie an der University of Pennsylvania. Leidy spielte mit dem Gedanken, seinen Hadrosaurier kängurugleich auf die Hinterbeine zu stellen, weil die vorderen Extremitäten ihm viel zu klein vorkamen, um einen so schweren Körper zu stützen. Vorder- und Hinterbeine sahen so unterschiedlich aus, dass er sie verschiedenen Tierarten zugeordnet hätte, wenn sie nicht an derselben Stelle gefunden worden wären. Aber konnte es das geben, ein auf den Hinterbeinen laufendes Reptil? Die Fossilien sprachen eigentlich eine deutliche Sprache. Leidy störte aber, dass keine lebenden Reptilien existierten, die einem solchen Typus angehörten. Oder sollte das Tier etwa wie ein Frosch gehüpft sein?

Dann brach das Jahr 1877 an und aus Belgien kam sensationelle Kunde, Sie erinnern sich. Bergarbeiter hatten fast drei Dutzend Iguanodons entdeckt, und als man die Knochen geborgen hatte

Der zooseitige Eingang des Berliner Aquariums wird von einem steinernen Iguanodon in Originalgröße bewacht. Die Skulptur stammt von dem Berliner Künstler Heinrich Harder (1858–1935).

und daranging, sie zusammenzusetzen, stellte sich den dort tätigen Fachleuten die gleiche Frage, die auch Leidy beschäftigt hatte, nur war die Botschaft der nahezu vollständigen Skelette um vieles klarer. Man erinnerte sich in Belgien des Amerikaners und seiner Ideen, und bald konnte kein Zweifel mehr bestehen. Leidy hatte recht gehabt. Diese Tiere, Mantells Iguanodons, waren Zweibeiner gewesen, die ihre Vorderextremitäten wahlweise als Greifarme oder zum Abstützen des schweren Körpers nutzten.

So wurde aus der plumpen säugetierähnlichen Echse Richard Owens ein auf muskulösen Hinterbeinen hockendes Riesenkänguru ohne Fell und Beutel, das Wesen, dessen in Stein gehauenes Abbild mit finsterem Blick den Eingang des Berliner Aquariums bewacht. Es wirkte kräftig, aber trotzdem sehr viel agiler als Owens Londoner Schöpfungen. Prompt stellten Arthur Conan Doyle und Edgar Rice Burroughs sie in ihren Geschichten als lebhafte Zweibeiner dar, und Doyle ließ die riesige Echse sogar hüpfen wie ein Känguru. »Trotz seiner ungeheuren Massigkeit waren seine Bewegungen außerordentlich behände.« Niemand hätte dergleichen über Owens Tiere schreiben können.

Ein 1897 entstandenes Gemälde des New Yorker Künstlers Charles R. Knight (1874–1953) ist in diesem Zusammenhang von besonderem Interesse. Knight war nicht irgendwer, sondern, so sein berühmter Landsmann, der Evolutionsbiologe Stephen Jay Gould, »der große, konkurrenzlose Dinosaurier-Illustrator seiner Zeit«. Er bewegte sich damit auf ähnlichem Terrain wie Hawkins, der Schöpfer der Londoner Dino-Rekonstruktionen. Beide waren ausgebildete Künstler, wurden zu ihrer Zeit aber weniger in Kunstkreisen als in der Wissenschaft, vor allem der Paläontologie, wahrgenommen und geschätzt. Ihre Werke hingen nicht in Galerien, sondern in Naturkundemuseen.

Charles R. Knight, der erstaunlicherweise stark sehbehindert war, verdanken wir unzählige eindrucksvolle Darstellungen von prähistorischen Lebewesen aller Art. Die Riesenechsen hatten es ihm aber besonders angetan.»Er schuf die maßgeblichen Darstellungen von Dinosauriern, für Wissenschaftler ebenso wie für Laien«, stellt Gould fest.»Ich kann mir keinen stärkeren Einfluss eines einzelnen Mannes in einem solch breit gefächerten Gebiet wie der Paläontologie vorstellen.«

Knights Darstellung eines Triceratops und eines Tyrannosaurus rex, die sich kampfbereit gegenüberstehen, machte diese beiden zu den Dinosaurierkampfhähnen schlechthin, eine Konfrontation, die den Charakter eines Endkampfes besitzt, denn beide gehörten zu den letzten Dinosaurierarten, die vor der großen Katastrophe lebten. Für Alexis Dworsky spiegelte diese Auseinandersetzung auch den Kalten Krieg wider, eine wutschnaubende Konfrontation waffenstarrender fossiler Supermächte, die sich gegenseitig quasi neutralisierten. Die Folge des Meteoriteneinschlages konnte dann logischerweise nur ein atomarer Winter sein.

Knight, der sich selbst auch als kompetenten Paläontologen sah, erweckte eine versunkene Welt zum Leben und prägte damit nicht nur die Vorstellungswelt von Laien. Oft wurden seine Arbeiten zum Vorbild für die Werke anderer Künstler, die die von ihm gewählten Körperhaltungen und Motive kopierten – eine Praxis, die in der Paläokunst noch heute weit verbreitet ist und leider auch dazu führt, dass Fehler sich fortpflanzen und in der Vorstellung der Menschen festsetzen.

Leaping Laelaps (*Springende Laelaps*) heißt Knights Arbeit von 1897. Ein Bild, das geradezu prophetische Qualitäten offenbarte, denn bis in die 1960er-Jahre blieb es eine der ganz wenigen Dinosaurierdarstellungen, die den Betrachtern nicht die üblichen Standbilder, sondern zwei übermütig herumtobende Echsen und damit äußerst agile Tiere zeigte. Deshalb wirkt diese 120 Jahre alte Darstellung heute noch so modern. Und sie erinnert daran, dass einige Forscher in der zweiten Hälfte des 19. Jahrhunderts

Leaping Laelaps von Charles R. Knight aus dem Jahr 1897.

entgegen der Owen'schen Sicht in Dinosauriern keine trägen Echsen sahen, sondern dynamische Lebewesen. Es gab Fachleute wie Thomas Henry Huxley, ein Vertrauter Charles Darwins, die schon damals von einer engen Verwandtschaft mit den Vögeln überzeugt waren. Der berühmte »Urvogel« Archaeopteryx, der 1861 durch den Frankfurter Paläontologen Hermann von Meyer anhand des Abdrucks einer einzelnen perfekten Feder beschrieben worden war, schien genau das gesuchte Zwischenglied zu sein.

Charles R. Knight folgte mit seiner Darstellung der Laelaps Edward Drinker Cope, der das Fossil 1866 in New Jersey gefunden hatte. Von Cope stammte auch der Name »Laelaps«, nach dem unfehlbaren und schnellen Jagdhund des griechischen Helden Aktaion. Knight setzte diesen sprechenden Namen in Aktion um. Heute steht das etwa sechs Meter lange Tier, das jahrelang als Amerikas größter Raubdinosaurier galt und 1877 in »Dryptosaurus« umbenannt wurde, im Schatten seiner gigantischen Tyranno-saurus-Verwandtschaft.

Natürlich wurde Charles R. Knight nicht von allen geschätzt. Er malte und zeichnete, was die wissenschaftlichen Koryphäen seiner Zeit dachten. Unter diesen herrschte aber keineswegs Einigkeit, und so gab es einige, die seine Arbeiten als zu spekulativ ablehnten. Ein anderes berühmtes Gemälde von ihm, das im Wasser planschende glückliche Brontosaurier zeigt, erwies sich als falsch (siehe Abbildung). Nicht, dass es Sauropoden nicht auch einmal ins Wasser gezogen hätte. Ihr pneumatisches Skelett und die mächtigen Luftsäcke dürften dort für viel Auftrieb gesorgt haben. Aber eine Zeit lang, und das passt zu dem plumpen und passiven Bild, das man lange von diesen Tieren zeichnete, glaubten auch viele Fachleute, Sauropoden seien viel zu schwer gewesen, als dass sie ihr eigenes Körpergewicht an Land hätten tragen können. Sie hielten Sauropoden deshalb für semiaquatische Tiere wie Nilpferde, die nur deshalb so gewaltige Ausmaße annehmen konnten, weil das Wasser ihre Gelenke entlastete. Auch die Lage ihrer Nasenöffnungen weit oben am Schädel deutete in diese Richtung.

Jeder bildlichen Darstellung prähistorischer Lebensformen, ob alt oder neu, liegt eine Hypothese zugrunde, Annahmen über die Verteilung von Weichteilen, über die Beschaffenheit und Färbung der Körperbedeckung und über Körperhaltung und Beweglichkeit. Am Ende zeigt das Bild eine Möglichkeit, wie das betreffende Tier ausgesehen haben könnte, nicht die einzige und nicht notwendigerweise die richtige. So zweifelt heute niemand daran, dass Sauropoden echte Landtiere waren. Alle Darstellungen, die sie als Wasserbewohner zeigen, sind also Makulatur. Und trotz des verdienten Ruhms, den Charles R. Knight genießt, muss man leider sagen, dass fast alle seine Bilder, so wie die seiner Zeitgenossen, etwa des tschechischen Zeichners Zdeněk Burian (1905–1981) oder des Deutschen Heinrich Harder (1858–1935), aus heutiger Sicht nicht zutreffend sind. Als Kunstwerke mögen sie weiterhin gefallen, als wissenschaftliche Illustrationen aber sind sie unbrauchbar geworden und schlicht falsch. Die Tiere, die Knight, Burian und andere mit großer Detailfreude gemalt haben, hat es so nie gegeben. Da Wissenschaft nicht stehen bleibt, droht dieses Schicksal letztlich jeder paläokünstlerischen Darstellung. Früher oder später gibt es neue Erkenntnisse und die Bilder sind veraltet.

Standen die beiden Seelen, die in Knights Brust wohnten, sich mitunter im Weg, die des Künstlers und die des anatomisch geschulten Paläontologen? Knight wusste genau um den Zusammenhang von Knochenbau und Muskulatur, er hatte ein bekanntes Buch über das Malen von Tieren geschrieben, seine Dinosaurier

Die berühmte (falsche) Brontosaurus-Darstellung von Charles R. Knight aus dem Jahr 1897. Heute geht man davon aus, dass alle Sauropoden echte Landtiere waren. Im Hintergrund grast ein Diplodocus.

haben aber fast durchgängig zu wenig Muskeln, die, so Darren Naish, »nicht zu ihren Knochen passten«.

Aufgrund von Computeranalysen einiger Skelette weiß man heute, dass der T. rex eine außergewöhnlich stark ausgeprägte Hüft- und Oberschenkelmuskulatur besessen haben muss. Vermutlich übertraf sie sogar die von Laufvögeln wie Strauß und Kasuar, die im Vergleich zur Körpergröße über die kräftigste Beinmuskulatur aller lebenden Tiere verfügen. Und noch heute werden Dinosaurier oft mit zu dünnem Schwanz dargestellt. Dabei war ein mächtiger Musculus caudofemoralis, der am Oberschenkelknochen ansetzte und sich bis weit in den Schwanz hinein erstreckte, die Voraussetzung dafür, dass diese Riesen der Vorzeit sich überhaupt fortbewegen konnten.

Aus paläontologischer Sicht besteht natürlich der Anspruch, anatomisch korrekte Darstellungen anzufertigen. Viele Wissenschaftler arbeiten daher eng mit Paläokünstlern zusammen. Auch Charles R. Knight kooperierte damals mit Wissenschaftlern eines naturgeschichtlichen Museums, dem American Museum of Natural History in New York, ebenso wie heute Mick Ellison, einer seiner dortigen Nachfolger. »Andere tun das nicht«, beklagt Darren Naish, »und das sieht man.« In der Paläoart tummelten sich leider viele, für die wissenschaftliche Genauigkeit keineswegs von großer Bedeutung sei. Was nicht heißt, dass spekulative Darstellungen nicht auch ihre Berechtigung hätten. Sie erweitern die Perspektive und helfen mitunter, den Gedanken neue Wege aufzuzeigen und diese durchzuspielen.

Auch wenn mithilfe moderner Methoden eine Menge aus den Knochen herausgelesen werden kann und die Rekonstruktion der Muskulatur einigermaßen festen Regeln folgt, dieser Bewegungsapparat befindet sich eben tief im Inneren des Körpers, und über das, was sich außen darüberspannt und ganz wesentlich das Aussehen eines Lebewesens bestimmt, wissen die Forscher meistens wenig bis gar nichts, und den Paläokünstlern geht es natürlich nicht besser. Fettpolster, Hautfalten, fleischige Kämme, Fell und Gefieder – all das hinterlässt nur in Ausnahmefällen fossile Spuren. Paläokünstler müssen sich also entscheiden. Deswegen gibt es den T. rex in genauso vielen Varianten, wie es Künstler gibt, die sich an seiner Darstellung versucht haben. Das Spektrum reicht vom Derwisch im blauen Federkleid bis zur nackten Echse im Tigerlook.

Darren Naish und die Künstler John Conway und C. M. Kosemen haben sich mit ihrem Buch *All Yesterdays* in genau diese spekulativen Grenzbereiche der Darstellung begeben. Was entsteht, wenn Altvertrautes einmal ganz anders gedacht und bildlich umgesetzt wird? Wie plausibel ist das?

Lange dorsale Wirbelfortsätze werden in der Regel wie beim Spinosaurus als Stützen eines Rückensegels interpretiert. Dünne, oft in auffälligen Farben kolorierte Haut spannt sich über die Knochenfortsätze. Das muss aber nicht zwingend so gewesen sein. Warum kein scharfer Grat wie bei Chamäleons? Warum hat noch niemand daran gedacht, dass sich an dieser Stelle statt des Segels ein aus Fettgewebe gebildeter Buckel befunden haben könnte wie bei Bisons, Kamelen oder Nashörnern? Wie würde so etwas aussehen?

Naish und seine kreativen Mitstreiter weisen darauf hin, dass Dinosaurier oft als schlanke, drahtige Wesen dargestellt werden, bei denen »jede Kontur der Extremitäten, jeder Muskel und sogar jeder Knochen klar unterschieden« werden könne. Wollen die Künstler ihre Kreaturen auf diese Weise glaubwürdiger erscheinen lassen oder schlicht mit anatomischen Kenntnissen prahlen? »Kein lebendes Säugetier, kein Vogel hat eine derart illustrativ sichtbare Anatomie.« In Wirklichkeit maskieren Hautlappen und -falten, Fett und erschlafftes Gewebe die Umrisse ihres Bewegungsapparates und verleihen ihnen ein individuelles Äußeres. Gerade Sauropoden werden häufig mit elefantenartiger Haut dargestellt. Aber es waren keine Dickhäuter, ihre Haut war ganz anders beschaffen, die Tiere trugen Schuppen. Wie könnten sie ausgesehen haben? Und welche Alternativen gibt es? Die Vorstellungskraft von künstlerisch und wissenschaftlich interessierten Menschen kann helfen, diese Fragen zu beantworten.

Man muss nur die Skelette rezenter Tiere anschauen, um zu erkennen, wie wenig aus diesem Knochengerüst über das wahre Aussehen der Tiere abzulesen ist. Wie, fragen Naish, Conway und Kosemen, würden Paläokünstler der Zukunft heutige Lebewesen darstellen, wenn sie nichts anderes als das Skelett vorliegen hätten, also nicht wüssten, wie Körperoberfläche und Weichteile beschaffen waren und ob sie Fell oder Federn besaßen?

Heute sei es unter Dinosauriermalern Mode, jede Knochenkante, jede Schädelnaht, jeden Muskel mit Schuppenreihen und kleinen Verzierungen, quasi als eine Art Echo des darunter verborgenen Skeletts, hervorzuheben. Was würde ein Künstler der Zukunft wohl mit dieser Darstellungsweise aus einem Katzenschädel machen? Hätte diese Rekonstruktion die geringste Ähnlichkeit mit unseren geliebten Zimmertigern? Würden Flusspferde wegen ihrer riesigen Zähne zu gefährlichen Raubtieren werden? Und wie würde man die Kopfhaltung eines ordinären Kaninchens darstellen? Die Beweglichkeit der Sauropodenhälse war eingeschränkt, sagen moderne Computeranalysen. Die geschwungenen und oft kopierten Schwanenhälse älterer Darstellungen sind passé. Heute halten die Tiere ihre Hälse mehr oder weniger gerade nach vorn gestreckt. Auch wenn Kritiker monieren, hier sei das weiche Gewebe vergessen worden, die Bandscheiben, der Knorpel, und es gebe kein heute lebendes Tier, das seinen Kopf nicht in einer im Vergleich zur Wirbelsäule erhöhten Position halte – würde man Kaninchen vielleicht auch mit gerade nach vorn gestrecktem Hals zeichnen?

In der ersten Hälfte des 20. Jahrhunderts folgte ein jäher Absturz. Trotz des von Cope, Marsh, Knight und anderen angefachten

Wie würde ein Künstler der Zukunft, der nie Schwäne gesehen hätte, sie anhand ihrer Fossilien rekonstruieren? So vielleicht? Eine grafische Spekulation von C. M. Kosemen.

Booms ließ das Interesse an prähistorischen Lebensformen merklich nach, ja es brach regelrecht ein. Nicht nur in der öffentlichen Wahrnehmung kam die paläontologische und paläobiologische Forschung an Dinosauriern fast zum Erliegen.

Sicher, die Welt führte zwei grauenhafte Kriege, durchlebte Wirtschaftskrisen und eine heftige Industrialisierung, die Menschen hatten bestimmt Wichtigeres zu tun, als sich um seit Ewigkeiten ausgestorbene Echsen zu kümmern. Aber war das wirklich der Grund für das schwindende Interesse? Vielleicht wurde der Paläontologie ja ihr eigener Fortschritt zum Verhängnis. Nichts langweilt auf die Dauer so sehr wie ununterbrochene Erfolgsmeldungen. Schon wieder?, mögen die Leute irgendwann gedacht und gestöhnt haben. Noch'n Dinosaurier? Nein, den muss ich nicht auch noch sehen. Weder die Sammelbildchen von Sinclair Oil noch die von Andrew Carnegie in alle Welt verschickten Nachbildungen seines Diplodocus konnten daran etwas ändern.

Viele Dinosaurier waren zwar groß, ja ehrfurchtgebietend riesig, aber daran hatte man sich irgendwann gewöhnt, und über eine simple und unübersehbare Tatsache konnte ihre imposante Gestalt nun einmal nicht hinwegtäuschen: Dinosaurier, ob man sie nun als plumpe Flusspferd- oder agilere Kängurutypen darstellte, gehörten zu den Verlierern der Erdgeschichte, überholt und weit zurückgelassen von den sehr viel flinkeren, schlaueren, in jeder Beziehung überlegenen Säugetieren. Mit dem Evolutionsgedanken gewann diese Sicht der Dinge mehr und mehr an Einfluss. Auch als mögliche Vorfahren der Vögel waren die Dinosaurier aus dem Rennen. Die meisten Experten neigten Anfang des 20. Jahrhunderts zu der Auffassung, dass die Vögel aus der Krokodilverwandtschaft hervorgegangen seien.

Australien lieferte ein eindrucksvolles Beispiel dafür, was geschieht, wenn überlegene Arten auf eine alteingesessene, aber nicht konkurrenzfähige Tierwelt treffen. Im Gefolge der Siedler waren viele Säugetierarten ins Land gekommen, und die einheimischen Beuteltiere gerieten mehr und mehr ins Hintertreffen. Bald würden sie ganz verschwunden sein wie die Riesenechsen lange vor ihnen. Beide, Dinosaurier und Beuteltiere, waren den plazentalen Säugetieren von Natur aus unterlegen. Darwin hatte es gezeigt: Die Bestangepassten machen das Rennen, der Rest bleibt auf der Strecke. Das ist der Lauf der Dinge. Nicht die klein und unscheinbar wirkenden Säugetiere waren ausgestorben, sondern die ach so übermächtig erscheinenden »schrecklichen Echsen«, die Dinosaurier, offenbar mehr Schein als Sein. Nicht ein einziger von ihnen hatte es bis in die Gegenwart geschafft. Zu dumm, zu träge und die meisten von ihnen viel zu groß, eine evolutionäre Sackgasse.»In unseren Metaphern und Märchen gehen Größe und Macht beinahe stets mit einem Mangel an Intelligenz einher«, stellte der Evolutionsbiologe Stephen Jay Gould in einer seiner Kolumnen für die Zeitschrift *Natural History* fest. »Schlauheit ist die Rettung des kleinen Mannes, man denke nur an David und Goliath. Ein schwerfälliger Geist ist der tragische Defekt von Giganten.«

In der menschlichen Gesellschaft nahm der Fortschritt rasende Fahrt auf, und warum sollte man seine Zeit mit Kreaturen verschwenden, die sich als nicht überlebensfähig erwiesen hatten? Dinosaurier haben uns nichts Wichtiges mehr zu sagen, fanden auch viele Wissenschaftler. Eine Zeit lang hatte man sich von ihrer schieren Masse blenden lassen. Heute genügte ein Blick auf die monströsen Körper und ihre lächerlich kleinen Köpfe, um zu wissen, dass diese Tiere einen vollkommen falschen Weg eingeschlagen und prompt die Quittung dafür bekommen hatten. Ihre Herrschaft hatte nicht von Dauer sein können, auch wenn es wohl nicht die Sintflut gewesen war, die ihnen den Garaus gemacht hatte. Lasst sie endlich in Frieden ruhen. Will man etwas über das Leben auf der Erde lernen, sollte man die Überlebenden des Mesozoikums studieren, vor allem natürlich die Säugetiere, unsere eigene Verwandtschaft. Dinosaurier konnten nur wenig zum Verständnis der heutigen Tierwelt beitragen. Sie hatten keine Nachfahren hinterlassen.

Bis in die Mitte des 20. Jahrhunderts hinein blieben Dinosaurier ein Synonym für etwas Veraltetes, zu groß Geratenes, von der Entwicklung Überrolltes. Otto Heinrich Schindewolf, ein international bekannter deutscher Wissenschaftler, schrieb in seinen 1950 erschienenen *Grundfragen der Paläontologie*: »Diese Riesensaurier sind zweifellos die gefräßigsten, gleichzeitig wohl auch die dümmsten Wirbeltiere gewesen, die die Natur je hervorgebracht hat; sie waren einseitig auf Größe und Dicke spezialisiert. Der Schädel ist von karikaturhafter Kleinheit.« In filmischen Wiederbelebungsversuchen trampelten diese Riesenechsen denn auch deplatziert als Verlorene und Entwurzelte, als lebender Anachronismus, durch unsere moderne Menschenwelt und richteten dort allein durch ihre plumpe Ungeschicklichkeit verheerenden Schaden an. »Politische Cartoonisten«, erzählt der amerikanische Paläontologe und Maler Robert T. »Bob« Bakker, »benutzen den Brontosaurus als das ultimative Symbol für ignorante Lethargie und eine obsolete Organisation.«

Ist das die Zeit gewesen, in der die Dinos zu Spielkameraden und Lieblingen der Kinder wurden? Weil sie die Erwachsenen, von wenigen Ausnahmen abgesehen, in ihrer plumpen Größe nur noch langweilten?

Von der Wissenschaft zum Auslaufmodell von vorgestern erklärt, machten Dinosaurier bald weniger als Gegenstand wissenschaftlicher Studien, sondern vielmehr als – durchaus agile – Filmstars von sich reden. So konnte das große Publikum sie ungeniert weiter fürchten und lieben.

Gertie the Dinosaur, ein nur zwölf Minuten langer Film, wurde 1914 fertiggestellt. *The Lost World* (*Die vergessene Welt*), die erste Verfilmung des gleichnamigen Romans von Conan Doyle, folgte 1925, und dank Stop-Motion-Tricktechnik hatten darin Allosaurus, Triceratops und Brontosaurus ihren Auftritt. *King Kong und die weiße Frau* kam 1933 in die Kinos, und wie schon in *The Lost World* war Willis O'Brien für die damals sensationellen Trickaufnahmen verantwortlich, die natürlich wieder auch Dinosaurier zum Leben erweckten, obwohl ziemlich rätselhaft blieb, was T. rex und Co. auf Kongs Insel zu suchen hatten. Sollen Riesenaffen etwa Zeitgenossen der mesozoischen Tierwelt gewesen sein? Trotz unübersehbarer inhaltlicher Schwächen schrieb der Streifen, an dessen Drehbuch bis zu seinem Tod auch Edgar Wallace mitwirkte, Filmgeschichte und rettete die Produktionsfirma RKO vor dem Bankrott.

Ob in fernen Ländern, auf fremden Planeten, im Inneren der Erde oder auf unbekannten Inseln – spätestens von diesem Zeitpunkt an waren Dinosaurier als brüllender Inbegriff menschenfressender Monster aus dem Bestiarium des Abenteuer- und Horrorfilms nicht mehr wegzudenken. Mit den wirklichen Dinosauriern hatte all das wenig bis gar nichts zu tun.

Wikipedia führt eine seitenlange Liste von Dinosaurierfilmen auf, wobei ihre Zahl von Jahrzehnt zu Jahrzehnt größer wird, darunter sind auch viele japanische Filme, in denen sich die absurdesten Monster bekämpfen. Von Godzilla abgesehen, einem durch die Einwirkung radioaktiver Strahlung ins Riesenhafte vergrößerten Leguan, hatten sie jedoch kaum Ähnlichkeit mit Dinosauriern. Die Liebe zu den schrecklichen Echsen war in Hollywood kulturbedingt deutlich stärker ausgeprägt.

Auf der Leinwand erwachten sie nun zum Leben, doch ihre Bewegung ähnelte eher einem mühsamen Dahinschleppen, alles in allem ein Auftritt, der sie weiterhin als imposant große, letztlich aber ziemlich plumpe und unfähige Wesen erscheinen ließ. Grund für ihr unbeholfenes Auftreten war natürlich die vergleichsweise primitive Tricktechnik der damaligen Zeit. Aber auch die in den Museen präsentierten Skelette stellten schwerfällige Riesen dar. Die Haltung, in der man die Dinos damals präsentierte, entsprach nicht nur der allgemeinen Vorstellung von diesen Tieren, sondern war auch konstruktionsbedingt. Bei Carnegies Diplodocus musste der meterlange Schwanz auch deshalb als scheinbar nutzloses Anhängsel auf dem Boden liegen, weil bei den Gipskopien die Wirbel mehr wogen als die Originalknochen, die ja zum Teil hohl waren. Leichte Materialien wie Fiberglas standen noch nicht zur Verfügung, also gab es keine Möglichkeit, die riesigen Skelette in einer anderen Körperhaltung zu präsentieren.

Trotz aller Unzulänglichkeiten, für mich und wohl auch für viele andere meiner Altersgruppe war es ein Film aus den 1950er-Jahren, der uns infizierte und die Liebe zu prähistorischen Lebensformen entfachte – und deren primitives Äußeres und ihre ruckartigen Bewegungen störten uns dabei kein bisschen. Der Film hieß *Reise in die Urzeit* und stammte aus der Werkstatt des experimentierfreudigen tschechischen Filmregisseurs Karel Zeman. Erzählt wird die Geschichte von vier Jungs, die einen fossilen Trilobiten, einen ausgestorbenen meeresbewohnenden Gliederfüßer, finden und daraufhin beschließen, während der Sommerferien mit einem Ruderboot in die Vergangenheit und durch verschiedene Erdzeitalter zu reisen, um dem Jüngsten von ihnen ein lebendes Exemplar zeigen zu können. Ach, wenn es doch nur so einfach wäre.

Unterwegs gibt es Mammuts, Riesenlurche, gigantische Libellen, Steinkohlewälder und natürlich kämpfende Dinosaurier zu bestaunen, Bilder und spannende Episoden, an denen ich mich als Junge kaum sattsehen konnte. Auf den Filmfestspielen in Venedig erhielt der Film 1955 den Preis für den besten Kinderfilm, und obwohl tricktechnisch meilenweit von Spielbergs Blockbuster entfernt und aus heutiger Sicht ein wenig zu penetrant didaktisch, schenkte *Reise in die Urzeit* meinen Altersgenossen und mir bis in die 1960er-Jahre hinein eine Art paläontologisches Erweckungserlebnis.

Mit aktueller Wissenschaft hatten all diese Filme so gut wie nichts zu tun. Das änderte sich im Jahr 1993, als Steven Spielberg *Jurassic Park* in die Kinos brachte. Nach Streifen wie *E. T. – Der Außerirdische*, *Unheimliche Begegnung der dritten Art*, *Der weiße Hai* und den ersten Indiana-Jones-Filmen war Spielberg bereits zu einem der erfolgreichsten Filmregisseure der Welt aufgestiegen. Er galt als Spezialist für die ganz großen Megablockbuster und mit *Jurassic Park* gelang ihm sein Meisterstück. Der Film spielte das Fünfzehnfache seiner Produktionskosten ein und blieb für mehrere Jahre der erfolgreichste Film aller Zeiten. Was er für die öffentliche Wahrnehmung der Paläontologie im Allgemeinen und der Dinosaurier im Speziellen geleistet hat, kann gar nicht hoch genug eingeschätzt werden, auch wenn er, wissenschaftlich gesehen, eine Menge Fehler enthält.

Steven Spielberg und sein Team hatten für die adäquate und Maßstäbe setzende visuelle Umsetzung gesorgt, das Mastermind hinter *Jurassic Park* aber war Michael Crichton, der Autor des gleichnamigen Romans und des Filmdrehbuchs. In einer genialen Konstruktion war es ihm gelungen, darin gleich mehrere wissenschaftlich brisante Fäden aufzunehmen und zu einem mitreißenden Ganzen zu verweben. Alle auftretenden Dinosaurier verdankten ihre Existenz der Gentechnik, die sich gerade anschickte, erste verwertbare Produkte zu erzeugen, die damals populäre Chaostheorie war in Gestalt des coolen Zynikers Ian Malcolm, gespielt von Jeff Goldblum, vertreten. Dies ergab eine zeitgemäße Variante der Geschichte vom Zauberlehrling.

Und dann waren da natürlich die Dinosaurier, die eigentlichen Hauptdarsteller des Films und – wer würde daran zweifeln? – der Grund für seinen Erfolg. Mit ihrer spektakulären Darstellung, die erstmals Computeranimation und animatronisch bewegte Modelle kombinierte und mehr als ein Viertel der Produktionskosten verschlang, erfuhren die meisten Menschen zum ersten Mal von der Revolution, die sich seit den späten 1960er-Jahren in der weitgehend unbeachteten Dinosaurierforschung vollzogen hatte. Einige der wichtigsten Vertreter dieser neuen Sicht in der Paläontologie hatte schon Michael Crichton für seinen Roman konsultiert. Spielberg holte sie dann als wissenschaftliche Berater mit in sein Team. Mit einigen Jahren Verzögerung erreichte die sogenannte »Renaissance der Dinosaurier« nun ein begeistertes Millionenpublikum in aller Welt.

Warum haben gestandene, auf Seriosität bedachte Wissenschaftler sich diesen Rummel angetan, zumal Kollegen ihnen im Nachgang geradezu genüsslich die Fehler des Films unter die Nase rieben und fragten, was das Ganze ihrer Wissenschaft gebracht habe? »Für die Museen und ihre Wahrnehmung in der Öffentlichkeit hat der Film Wunder bewirkt«, schrieb ein miesepetriger Forscher im Fachblatt *American Paläontologist*, »aber Paläontologie ist mehr als Dinosaurierstudien. Ich vermute, *Jurassic Park* war ziemlich irrelevant.«

Wie groß der Einfluss der wissenschaftlichen Berater auf die Darstellung der Dinos tatsächlich war, wissen wohl nur die Insider. Sie sollen zum Beispiel verhindert haben, dass die Velociraptoren mit einer gespaltenen Zunge ausgestattet wurden, denn dafür gibt es keine fossilen Beweise. John Robert »Jack« Horner erzählt, dass er den Joystick eines animatronischen Tyrannosaurus selbst habe steuern müssen, weil die Techniker den Vogelschritt nicht hinbekommen hätten, bei dem zuerst die Zehen aufgesetzt werden. Andere, für den Plot entscheidendere Kröten mussten sie wohl schlucken, zum Beispiel, dass diese flinken Räuber im Film viel zu groß dargestellt wurden, damit sie gruseliger wirken, oder dass ein T. rex angeblich nur Bewegungen wahrnehmen konnte.

Vielleicht hatten sie aber auch gar kein Problem damit. Könnte es nicht sein, dass mit diesem Film auch für sie ein geheimer Traum in Erfüllung ging: eine glaubhafte, wissenschaftlich weitgehend korrekte Darstellung lebender Dinosaurier? Zum ersten Mal vermittelte der Film einen wirklichen Eindruck dieser Tiere (der allerdings – zugegeben – durch die Konzentration auf die gefährlichen Exemplare zumeist darauf hinauslief, dass die Menschen vor ihnen auf der Flucht waren). Trotzdem – nie zuvor hatte man so überzeugend erleben können, dass die Riesenechsen des Erdmittelalters kein Hirngespinst, sondern tatsächlich Wesen aus Fleisch und Blut gewesen sind.

Jack Horner, der wohl die Blaupause für den Filmpaläontologen Dr. Alan Grant abgab, hat sich im Nachhinein sehr positiv über den Film geäußert und war an allen Nachfolgern beteiligt. Der Zeitschrift *Nature* gestand er in einem Interview, dass er die Idee, Dinosaurier zu züchten, damals wie heute verlockend finde. Als Spielberg ihn gefragt habe, ob er an dem Film mitarbeiten wolle, habe er sich nur erkundigt, ob er von den Sauriern gefressen werde. Als der Regisseur verneinte, lautete Horners Antwort: »*Alright, that sounds ok.*« Seine Aufgabe umschrieb er so: »Im Wesentlichen war ich wohl dabei, um sicherzustellen, dass Sechstklässler ihm [Spielberg] später keine bösen Briefe schickten und sich beklagten, irgendetwas sei falsch dargestellt worden.«

Sogar der fast 20 Jahre ältere John Ostrom, einer der bedeutendsten Paläontologen seiner Zeit und eher ein Wissenschaftler alter Schule, zeigte sich von den Special Effects des Films beeindruckt. Es waren einige seiner Ideen und Theorien, für die er in Fachkreisen lange gekämpft hatte, die nun erstmals kongenial in bewegte Bilder umgesetzt wurden. Laut einem Interview mit der *New York Times* hielt er Steven Spielberg »für einen wirklich talentierten Mann, der diese Kreaturen so auf die Leinwand bringen kann, dass sie real aussehen«. Größeres Lob aus berufenerem Mund konnten die *Jurassic-Park*-Macher nicht erhalten. Ostrom hatte sich den Film zusammen mit Kollegen vom Peabody Museum der Yale University in einem Kino in North Haven angesehen. Einer seiner Begleiter erinnerte sich später, dass sein Chef die Szene, in der der T. rex sich den auf der Toilette sitzenden Rechtsanwalt schnappt, besonders lustig gefunden habe. Solange andere das Opfer abgeben, scheinen Paläontologen also nicht grundsätzlich gegen menschenfressende Filmdinosaurier zu sein.

Man muss sich die Relationen klarmachen. Wissenschaft, zumal eine wie die Paläontologie, leidet unter chronischer Geldknappheit. Private Fossilienjäger und Sammler schnappen öffentlichen Einrichtungen heute oft die besten Stücke weg, weil sie einfach über mehr Mittel verfügen, und ohne privates Sponsoring der Forschung liefe in den Vereinigten Staaten oft gar nichts. Es heißt, für diesen einen Film, Spielbergs *Jurassic Park*, sei mehr Geld ausgegeben worden als für die gesamte bisherige Dinosaurierforschung. Das kann einen Wissenschaftler schon auf die Palme bringen.

Andererseits eröffnet sich für die Forscher die Möglichkeit, ihre Ideen und Theorien einmal in einer Weise bildlich umgesetzt zu sehen, bei der es auf ein paar Hunderttausend Dollar mehr oder weniger nicht ankommt. David A. Kirby, der an der University of Manchester über Wissenschaftskommunikation forscht, glaubt, dass Wissenschaftler solche Filmproduktionen »als Methode des virtuellen Beweises nutzen, um so Verbündete bei Spezialisten und Nicht-Spezialisten zu gewinnen«. In diesem Fall bot sich die Chance, das außerhalb der Fachkreise kaum zur Kenntnis genommene neue dynamische Bild der Dinosaurier in die ganz große Öffentlichkeit zu tragen.

Ich finde, bei aller Kritik im Detail sind die an der Produktion beteiligten Wissenschaftler dafür zu loben, dass sie die richtige Entscheidung trafen und sich für diese Arbeit nicht zu schade waren. Sie stehen damit in der Tradition ihrer Wissenschaft, die nie von Berührungsängsten gegenüber den populären Künsten geplagt wurde. Robert Bakker ist selbst Künstler, der seine Bücher mit eigenen Zeichnungen illustriert und sich darüber hinaus nicht scheut, Kinderbücher über Dinosaurier zu verfassen und seine wissenschaftlichen Ansichten auch in Romanform (*Raptor Red*, dt. *1996*) unter die Leute zu bringen.

Neben Realismus und Detailgenauigkeit attestiert die Kunst- und Wissenschaftshistorikerin Jane Davidson den Paläokünstlern von jeher Experimentierfreude und ein ausgeprägtes Interesse an innovativen Techniken. »Die Kunst der Paläontologie begann auch andere Medien als das Drucken, die Malerei oder Fotografie zu nutzen«, stellt sie fest. »Künstler schufen Skulpturen und designten Museumsvitrinen. Später nutzten sie Filmaufnahmen, Animationen und Computerisierungen, um fossiles Leben darzustellen.« Sich auch der großen Kinoleinwand zuzuwenden war daher nur folgerichtig. Und die Wirkung war immens. »Die Welt im Dinosaurierfieber«, titelte der Berliner *Tagesspiegel* am 28. Juli 1993. »Volle Museen, leergeräumte Bücherlager und neu gestaltete Kinderzimmer.« Eine harmlose Infektion entwickelte sich zur Pandemie.

Natürlich hatte es in all den Jahren, in denen Dinosaurier als evolutionäre Versager links liegen gelassen wurden, Wissenschaftler gegeben, die abseits des Mainstreams ernsthafte Forschung über diese Tiere betrieben, sonst wäre es nie zu einer »Renaissance der Dinosaurier« gekommen und ein Film wie *Jurassic Park* wäre nie gedreht worden. Zu diesen Unbeirrbaren gehörten John Ostrom von der Yale University und ab Ende der 1960er-Jahre auch sein Schüler Robert T. Bakker.

Die Geschichte, die so weitreichende Folgen hatte und schließlich sogar Hollywood eroberte, begann an einem späten Augusttag des Jahres 1964, am Ende einer Grabungskampagne im Bighorn Basin an der Grenze der US-amerikanischen Bundesstaaten Wyoming und Montana. Eigentlich wollten John Ostrom und sein Mitarbeiter Grant Meyer, nachdem sie aus den Schlafsäcken gekrochen waren, nur ein paar potenzielle Ausgrabungsstellen für die nächste Saison in Augenschein nehmen, bevor es den weiten Weg zurück nach Connecticut ging, da sprang Ostrom an der Basis eines großen Felsmonolithen eine schwarze Klaue ins Auge, die aus dem Boden ragte. Fast hätte er seinen Kollegen den Abhang hinuntergestoßen, als er einen Satz nach vorn machte. Auf Knien rutschten sie über den steinigen Boden zur Fundstelle. »Ich wusste, das ist etwas Neues«, erzählte er später, »etwas potenziell sehr Wichtiges.«

Und das war es tatsächlich. Die Klaue war fast zehn Zentimeter lang, und als die beiden Männer mit bloßen Händen und ihren Messern zu graben begannen, weil sie keinerlei Werkzeug mitgenommen hatten, fanden sie Teile eines Arms, eine Hand und einen Hinterfuß. Sie verlängerten ihren Aufenthalt um einen Tag, dann mussten sie die Arbeit aber abbrechen.

Der Winter daheim an der Ostküste muss für die Forscher eine Qual gewesen sein. Würden sie die Stelle wiederfinden? Würde alles noch so sein, wie sie es verlassen hatten? Ostrom konnte es kaum abwarten, nach Montana zurückzukehren. Dann war es endlich so weit. Drei Sommer lang gruben sie dort, trieben einen tiefen Stollen in den Hang unterhalb des Felsens und bargen mehr als tausend Knochen, die fossilen Überreste von vier Exemplaren dieses rätselhaften Klauenträgers. Leider fehlten viele Skelettteile,

zum Beispiel vom Schädel. Sie fanden keinen Femur (Oberschenkelknochen), kein Kreuz- und kein Gabelbein. Für Paläontologen
war das jedoch der Normalfall und trübte Ostroms Freude nur
kurz. Erst Jahre später konnten die fehlenden Knochen durch Fundstücke von anderen Standorten ergänzt werden.

Das Besondere waren natürlich die großen sichelförmigen
Krallen, die am zweiten Zeh beider Füße saßen. Am lebenden Tier
müssen sie noch größer gewesen sein, denn die Krallen aller Archosaurier besitzen einen organischen Hornüberzug. Ostrom ver-
glich seinen Fund mit Krallen von Vögeln und Krokodilen und
kam auf eine wahre Länge von über zwölf Zentimetern. Folgerichtig taufte er das Tier, dessen Beschreibung er nach Jahren intensiver Studien 1969 veröffentlichte, auf den Namen »Deinonychus«, »Schreckliche Kralle«.

Deinonychus ist das eigentliche Vorbild für die Velociraptoren
in *Jurassic Park*. Crichton und später Spielberg hielten sich bis in
die Details an Ostroms Beschreibung, verwendeten aber lieber den
Namen eines deutlich kleineren Tieres, eben des nur truthahngroßen Velociraptors, weil er, so Crichton zu Ostrom, »dramatischer ist«. Der Forscher räumte ein, dass die meisten Menschen
kein Altgriechisch sprächen und somit nicht verstünden, dass
auch der Name »Deinonychus« ziemlich vielversprechend klinge.

Immerhin – die beiden Arten waren nah miteinander verwandt,
insofern ist die Ungenauigkeit vielleicht zu verkraften. Die echten
Velociraptoren sind allerdings bisher nur aus der Mongolei und
Nordchina bekannt, wo 1922 von einer Expedition des American
Museum of Natural History die ersten fossilen Knochen gefun-
den wurden. Mittlerweile gibt es mehrere gut erhaltene Skelette.

In der Mongolei gelang 1971 auch ein ganz besonderer Fund: die
berühmten kämpfenden Dinosaurier, ein heute in der Hauptstadt
Ulan-Bator als große Kostbarkeit ausgestelltes Fossil, das aus zwei
im Kampf gestorbenen und noch im Tode ineinander verhakten
Echsen besteht, einem Velociraptor und einem Protoceratops, ei-

nem kleineren Verwandten des Triceratops. Möglicherweise sind beide mitten im Kampf von einem Sandsturm oder einer abrutschenden Düne überrascht worden.

Die von Ostrom sorgfältig studierte Anatomie seiner Fundstücke und die seltsame namensgebende Kralle an den Hinterfüßen brachte ihn schließlich zu folgender Einschätzung: Deinonychus »muss ein schnellfüßiges, sehr räuberisches, extrem agiles und sehr aktives Tier gewesen sein, sensitiv gegenüber vielen Reizen und schnell in seinen Reaktionen«. Die Arbeit, der dieser Satz entnommen ist, gilt als eine der wichtigsten paläontologischen Veröffentlichungen des 20. Jahrhunderts.

Um die sichelförmige Kralle zum Einsatz zu bringen, musste Deinonychus seine Beute anspringen, sich festbeißen oder -krallen und konnte seinem Opfer dann mit furchtbaren Tritten den Bauch aufschlitzen oder ihm zumindest tiefe blutende Wunden zufügen. So stellten Ostrom und andere es sich jedenfalls vor. Die gruselige Fußkralle konnte nur eine Angriffswaffe sein.

Eine methodisch ziemlich ungewöhnliche Untersuchung zeigte dann aber im Jahr 2006 etwas anderes. Britische Wissenschaftler hatten Versuche mit einem hydraulisch angetriebenen Deinonychus-Roboterbein und Schweinehaut durchgeführt. Ergebnis: Die Kralle drang drei bis vier Zentimeter tief in das Gewebe ein und rief dabei »nur« punktförmige Einstiche hervor. Sie war nicht in der Lage, die Haut aufzuschlitzen.

Töteten die Tiere etwa mittels gezielter Stiche in die Halsschlagader? Wahrscheinlicher sei, so die Forscher um Phillip Lars Manning, dass die Klaue eher als Kletter- und Steighilfe diente, wenn die Tiere größere Beutetiere ansprangen. Unterhalb der eingedrungenen Kralle hatten sich Falten in der Schweineschwarte gebildet, die dem Räuber beim »Aufstieg« einen festen Stand verschafft hätten.

Oder war angesichts der monströsen Klaue die (aggressive) Fantasie mit den Forschern durchgegangen und wieder nur das

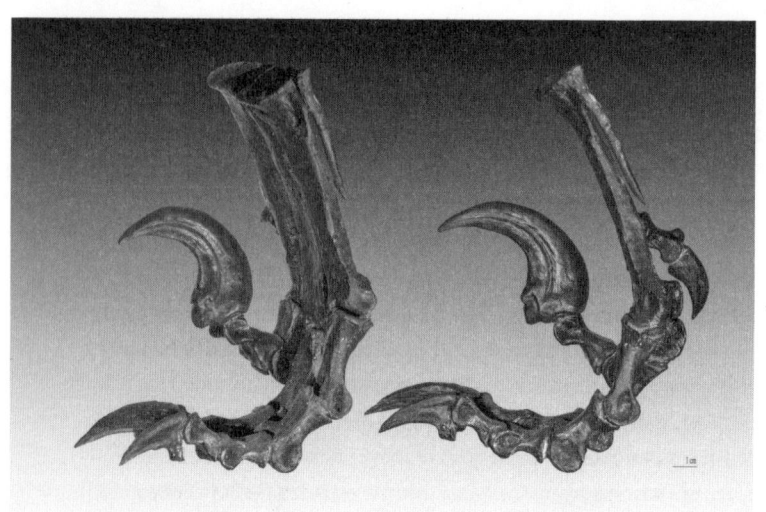

Tötungswerkzeug oder Kletterhilfe? Die furchterregenden Klauen am zweiten Zeh von Deinonychus. Im »Ruhezustand« waren sie samt Zeh nach oben geklappt.

alte Bild der Saurier als Bestien herausgekommen? Erneut war es Phil Manning in Manchester, der eine ganz andere Möglichkeit in die Diskussion einbrachte. Deinonychus, so behauptete er, könnte, besonders als Jungtier, ein Baumbewohner gewesen sein. Die Kralle ähnle nämlich der von Spechten und könne zum Klettern an Baumstämmen gedient haben. Andere Forscher blieben bei eher blutrünstigen Tötungsszenarien und verwiesen auf Raubvögel, die ihre Beutetiere mithilfe ihrer Krallen am Boden fixieren, um sie dort zu verspeisen.

Viel wichtiger als die Frage, wie Deinonychus zu seinen Mahlzeiten kam, war zunächst die Frage, um was für eine Art Tier es sich hier überhaupt handelte – mit einer Länge von Schnauzenbis Schwanzspitze von fast dreieinhalb Metern, einer Schädellänge von 41 Zentimetern, einer Hüfthöhe von knapp 90 Zentimetern. Mit gut 70 Kilogramm wog Deinonychus ungefähr so viel wie ein schlanker, mittelgroßer Erwachsener. Das war keiner der plumpen Giganten, für die sich kaum noch jemand interessierte. Ostroms Beschreibung hat es schon auf den Punkt gebracht: Reaktionsschnell, sehr agil und aktiv – hier ist von einem Dinosaurier ganz neuen Typs die Rede.

Ostrom machte sich über die Körperhaltung von Deinonychus Gedanken. Aufgrund der stark verlängerten Wirbelfortsätze kam er zu dem Schluss, dass der Schwanz nicht schlaff herunterhing wie bei praktisch allen Museumspräparaten und bildlichen Darstellungen, sondern muskulös und in sich versteift war, um als Gegengewicht zum Vorderkörper fungieren zu können. »Deinonychus benutzte den Schwanz nicht länger als Krückstock«, erklärt Alexis Dworsky, »sondern, ähnlich wie es ein Seiltänzer macht, als Balancierstange.« Schnelle Richtungswechsel konnten durch einen Schwenk des Schwanzes eingeleitet werden. Diese Tiere waren von enormer Wendigkeit.

Es war die Geburtsstunde eines völlig neuen Dinosaurierkonzepts, das vom paläontologischen Establishment natürlich keineswegs widerstandslos übernommen wurde. Denn wer so beweglich war, der musste über einen entsprechend leistungsfähigen Stoffwechsel verfügen, für viele Paläontologen eine ungeheuerliche Vorstellung. Noch im gleichen Jahr, in dem auch seine Veröffentlichung erschien, trat Ostrom während der *North American Paleontological Convention* in Chicago vor seine Kollegen und erklärte, es gebe »eindrucksvolle, wenn nicht zwingende Beweise, dass für viele verschiedene Arten der alten Reptilien eine Stoffwechselintensität charakteristisch war, wie wir sie von Säugetieren und Vögeln kennen«. Schreie der Empörung seien die Antwort der Traditionalisten im Publikum gewesen, erinnerte sich Ostrom.

Es dauerte Jahre, bis sich das von Ostrom vertretene Bild der Dinosaurier als aktive Tiere mit hohem Stoffwechselniveau durchzusetzen begann. Der alte Kängurutyp der aufgerichteten, auf Hinterbeine und Schwanz gestützten Echse, der die Präsentation in den Museen und die Bilderwelt beherrschte, hatte ausgedient. Skelette wurden abgebaut und in neuer Positur wieder aufgestellt. Wie bei einer Wippe waren Oberkörper und Kopf nun nach vorne gekippt und hatten den Schwanz in die Höhe gehoben, bis beide sich ungefähr auf gleicher Höhe befanden und die Waage hielten. Das Hüftgelenk stellte den Drehpunkt dar.

Zwar überragt uns nun der Kopf eines Iguanodons oder des T. rex nicht mehr um viele Meter, die Tiere wirken nach diesem Gestaltwandel aber wesentlich dynamischer und gefährlicher. Ein T. rex oder Velociraptor, der mit nachgezogenem Schwanz schwerfällig wie ein Zombie auf den Betrachter zustampft, hätte nie zum Helden eines Films wie *Jurassic Park* werden können.

Was John Ostrom besonders faszinierte, war die Tatsache, wie sehr Deinonychus einem Vogel ähnelte. Die Verwandtschaft von Raubdinosauriern und Vögeln wurde zu seinem großen Thema, nachdem er sich von der aktiven Feldarbeit zurückgezogen hatte. Über Jahre hinweg arbeitete er die Gemeinsamkeiten seines Deinonychus mit dem berühmten Urvogel Archaeopteryx heraus. Indem er an Huxley und andere Denker des späten 19. Jahrhunderts anknüpfte, füllte er die Vorstellung der engen Verwandtschaft beider Tiergruppen mit neuem Leben und belegte sie mit einer bisher nicht gekannten Genauigkeit. Seine Beharrlichkeit und Gründlichkeit verhalfen ihm schließlich zu allgemeiner Anerkennung.

Mit John Ostrom und seiner Deinonychus-Entdeckung war eine Art Zeitenwende in der Paläontologie angebrochen, und Robert Bakker war von Anfang an Teil dieser Entwicklung gewesen. Als Student hatte er schon an der Grabungskampagne von 1964 in Montana teilgenommen. Ab 1968 studierte er dann bei John Ostrom in Yale, wurde also Augen- und Ohrenzeuge der dramatischen Transformation, die hier gerade stattfand, und promovierte 1971 in Harvard in Paläontologie. Da Ostrom und Bakker von sehr

Diese Zeichnung seines Schülers Robert Bakker zierte den Beginn von Ostroms bedeutender Deinonychus-Abhandlung von 1969. Derart dynamisch hatte man Dinosaurier noch nie dargestellt.

unterschiedlichem Naturell waren, gestaltete sich ihre Zusammenarbeit sicher nicht immer einfach und friedlich. Bakker »war der junge Wilde, dessen Ansichten von den etablierten Paläontologen missachtet werden konnten«, schrieb der Wissenschaftsautor John Noble Wilford in seinem Buch *The Riddle of the Dinosaur.* »Ostrom jedoch konnte nicht ignoriert werden.« – »Wenn John vorsichtig war«, ergänzt ein Laborkollege der beiden, »war Bob fundamentalistisch.«

Zu Ostroms berühmter Veröffentlichung aus dem Jahr 1969 steuerte Robert Bakker nicht seinen Namen bei, er lieferte aber etwas anderes, das sehr wichtig werden sollte. Denn wie schrieb Stephen Jay Gould im *Discover Magazine* 1993, in dem Jahr, in dem *Jurassic Park* in die Kinos kam: »Wie wir die Vergangenheit des Lebens verstehen, ist mehr eine Konsequenz der Kunst als der Wissenschaft.« Als Wissenschaftler dürfte John Ostrom diese Worte nicht gern gehört haben, doch vielleicht wusste er, dass Gould recht hatte, und ließ Bakkers Zeichnung deshalb auf die dritte

Seite seiner Abhandlung drucken. Sie stellte Deinonychus in vollem Lauf dar, eine Darstellung, wie man sie noch nie zuvor gesehen hatte, dynamisch und spannungsvoll, von Behäbigkeit keine Spur.

In der Öffentlichkeit, sofern sie sich für Dinosaurier interessiert, kennt man vor allem Robert Bakker, einen Mann mit weißem Zottelbart, die schulterlangen Haare zum Pferdeschwanz gebunden und hellem Cowboyhut auf dem Kopf. Er ist der Popstar unter den Paläontologen, ein Mann, der auch als Mitglied einer Rockband durchgehen würde und in keiner Fernsehdokumentation mit pointierten Äußerungen und starken Sprüchen zum Thema fehlen darf. Für ihn erschöpfte sich Paläontologie nie im Studium toter, versteinerter Knochen. Ihn interessierte vor allem das Verhalten der Tiere und die Ökologie der Welt, in der sie einst lebten.

Um zu erahnen, wie Robert Bakker als junger Mann tickte, muss man nur die Widmung seines 1986 erschienenen Buches lesen. Sie ist an »einen lieben Freund« gerichtet, den Harvard-Geologen Bernhard Kummel. »Damals, 1974«, heißt es da, »packte mich Bernie am Revers und sagte: Junge, du kannst nicht für immer ein Enfant terrible bleiben. Du musst ein Buch schreiben.« Ein Enfant terrible also ... In *The Lost World*, dem zweiten *Jurassic-Park*-Film, erleidet eine allgemein als filmische Inkarnation von Bakker angesehene Figur den schönsten Tod, den sich ein Paläontologe seines Schlages wünschen kann: Er wird von einem Dinosaurier verschlungen. Ein Schelm, wer Böses dabei denkt.

Auch wenn die Wissenschaft heute Bakkers Kernaussage, dass alle Dinosaurier Warmblüter gewesen seien, wieder ein wenig abschwächt, das Erscheinen seines an ein breites Publikum gerichteten Buches *The Dinosaur Heresies*, das aus unverständlichen Gründen nie ins Deutsche übersetzt wurde, kann man als den eigentlichen Beginn der Dinosaurier-Renaissance ansehen, die er selbst schon zehn Jahre zuvor in einem Aufsatz für den *Scientific*

American ausgerufen hatte. Zweifellos hat Bakker mit seiner zupackenden Art großen Anteil an dem veränderten dynamischen Dinosaurierbild, das nun spätestens mit dem Start von *Jurassic Park* zum Common Sense geworden war, weit über die Grenzen der Paläontologie hinaus. Aber Bakker hat nicht vergessen, auf wessen Fundament er sein Gedankengebäude errichten konnte. Auf die Frage, welche Bedeutung John Ostrom für die Dinosaurierpaläontologie gehabt habe, antwortete er einmal: »Niemand war bedeutender.«

Mehr als einmal bewies Bakker geradezu prophetische Fähigkeiten. Er war der Erste, der die Vermutung äußerte, dass Dinosaurier ein ähnliches Atmungssystem besessen haben könnten wie Vögel. Und neben einer Zeichnung, die zwei tobende, den springenden Laelaps von Charles R. Knight nachempfundene Deinonychus-Exemplare zeigt, schrieb er in seinem Buch: »Diese kraftvollen Jäger hatten eine unglaublich vogelartige Anatomie von der Nase bis zum Schwanz (…) Sie waren Vögeln so ähnlich, dass es sehr wahrscheinlich ist, dass sie schon Federn entwickelt hatten, um ihren Körper vor Wärmeverlust zu schützen.«

Nur zehn Jahre sollte es noch dauern, bis chinesische Forscher in New York von einem Fossilienfund aus der beginnenden Kreidezeit berichten würden, der die Paläontologen der ganzen Welt in helle Aufregung versetzte. Sinosauropteryx war nur 1,25 Meter groß, ein kleiner, schlanker Raubsaurier, der normalerweise nur Spezialisten interessiert hätte. Aber dieser Fund war anders als alles, was man bisher gesehen hatte. Nicht nur, dass er hervorragend erhalten war. In dem die Knochen umgebenden Gestein war deutlich zu erkennen, dass Sinosauropteryx zu seinen Lebzeiten von feinen, 3,5 Zentimeter langen daunenartigen Federn bedeckt gewesen war. Bauern hatten bei der Feldarbeit in einem alten Flussbett den ersten gefiederten Dinosaurier entdeckt. Bakkers Vermutung hatte sich bewahrheitet.

Wieder würde man umdenken müssen. Wieder würden neue Bilder gemalt, neue Publikationen verfasst und neue Filme gedreht werden müssen. Einige der in *Jurassic Park* gezeigten Dinosaurier, die eben noch frisch und modern gewirkt hatten, waren plötzlich so falsch wie Charles Knights im Wasser planschender Brontosaurus. John Ostrom verriet später: »Mir wurden buchstäblich die Knie schwach, als ich zum ersten Mal die Fotos sah.« Und das war erst der Anfang.

6 Nachwuchs

Den Federn der Dinosaurier werden wir uns im letzten Kapitel widmen. Denn nun, nachdem Owens schwerfällige Geschöpfe sich in dynamische Tiere mit wachen Sinnen verwandelt haben, können wir es wagen, sie mit der anspruchsvollsten und wichtigsten Aufgabe zu betrauen, die ein Lebewesen zu erfüllen hat: der Fortpflanzung.

Eine genmanipulierte Killerechse, die sich mit blutverschmierter Schnauze einen Menschen nach dem anderen einverleibt, war im Kino bereits zu sehen und wird sogar Zwölfjährigen zugemutet. Kopulierende Dinosaurier, ja deren gesamtes Liebesleben hat man bislang ausgespart. Monster haben auf der Leinwand eben vor allem Monster zu sein und unsere Ängste zu bedienen, nicht unsere Empathie. Dabei erklären sogar gestandene Wissenschaftler wie der Paläontologe Gregory Erickson von der Florida State University, dass es beim Dino-Sex spektakulär zugegangen sein muss: »*It must have been a hell of a thing to see.*«

Ein Museum im nordspanischen Asturien ist da mutiger als Hollywoods Filmemacher. Das Museo del Jurásico de Asturias präsentiert zwei Riesenechsenskelette in medias res, und zwar keinen Geringeren als den König selbst, den Tyrannosaurus rex. Natürlich wurde dabei gebrüllt, was das Zeug hält – jedenfalls suggerieren das die weit aufgerissenen Mäuler der beiden Tiere.

Stellen Sie sich nun zwei 30 bis 40 Meter lange 80-Tonner vor, die Gefallen aneinander finden. Wer zweifelt daran, dass man deren Paarung im weiten Umkreis mitbekommen hätte? Oder kapituliert da Ihre Fantasie? Apropos Fantasie ... wie viel braucht man wohl davon, um sich Geschichten wie *Taken by the T. Rex* auszudenken oder *In the Velociraptor's Nest*, *Dino Park After Dark* und *Mating With the Raptor* (von dem ungemein produktiven Pseudonym Christie Sims)? Auf den vielversprechenden Buchumschlägen nähern sich, hinter halbnackten Bikinischönheiten, die zweifellos hochpotenten Übeltäter mit artcharakteristisch aufgerissenen Mäulern – Paläopornos oder *creature erotica*, wie sich das Genre nennt.

Mich interessieren diese speziesübergreifenden Konstellationen eher weniger, ich gestehe aber, beim reinrassigen Liebesspiel zweier Titanosaurier hätte ich wie Dr. Erickson gern mal Mäuschen gespielt, aus rein wissenschaftlichen Gründen, versteht sich, und in sicherer Entfernung zum Ort des Geschehens. Die Kolosse

Das Museo del Jurásico de Asturias zeigt ein T.-rex-Paar in flagranti, allerdings weiß niemand, ob es sich tatsächlich so abgespielt hat.

könnten dabei ja ins Taumeln geraten oder mit ihren Zehnmeter-Schwänzen in wilder Ekstase um sich schlagen. Forscher behaupten, dass die Schwanzspitzen großer Sauropoden beim Herumpeitschen Überschallgeschwindigkeit erreicht haben könnten, um mithilfe des Knalls mögliche Angreifer zu vertreiben. Man musste in ihrer Nähe also auch ums eigene Trommelfell bangen.

Wenn man schon Schwierigkeiten hat, sich zwei Sauropoden beim Liebesspiel vorzustellen, wie, bitte schön, haben es wohl die Stegosaurier gemacht? Das möchte man doch wissen. Begaben sich deren Bullen nicht in Lebensgefahr, wenn sie den Rücken einer mit unterarmlangen Stacheln und Knochenplatten bewehrten Partnerin zu erklimmen versuchten? Viele Experten haben sich an dieser Frage schon die Zähne ausgebissen. Sie gehört wohl zu denen, die nie beantwortet werden. Dabei interessieren sich die Menschen brennend dafür, im Netz sind ganze Enzyklopädien mit Bildern kopulierender Dinosaurier zu finden, einschlägige Presseartikel werden mit Hunderten von Kommentaren versehen. Haben sich die Tiere vielleicht auf die Seite gelegt? Oder pressten sie ihre Hinterteile aneinander und schauten dabei in entgegengesetzte Richtungen?

Brian Switek, ein bekannter Wissenschaftsautor, hat nach eigener Auskunft schon viel Zeit investiert, um mit zwei Stegosaurier-Modellen die verschiedensten Stellungsvarianten durchzuspielen, aber ob des in manchen Medien entfachten regen Interesses am Dino-Sex zeigte er sich ziemlich angefressen. In der Fortpflanzungsbiologie der Dinosaurier gebe es wirklich spannendere Themen als deren bevorzugte Stellungen, schrieb er in seinem paläontologischen Blog *Laelaps*. Außerdem liege es doch auf der Hand, und Paläontologen wie Gregory M. Erickson und der 1991 verstorbene britische Paläontologe Lambert Beverly Halstead hätten da zugestimmt, letzterer übrigens die maßgebliche Dino-Sex-Koryphäe: von hinten natürlich, wie die meisten Tiere. Fast alle Abbildungen, die man dazu finden könne, seien aber falsch, schimpfte

Switek. Die Schwanzhaltung stimme nicht. So, wie die Künstler die Tiere positioniert hätten, würden deren Kloaken nie zusammenfinden. Kloaken sind Körperöffnungen, über die sowohl der Darm als auch Geschlechtsorgane und Harnleiter nach außen münden. Dem T. rex wurde zwar schon ein 3,60 Meter langer Penis angedichtet, aber vielleicht kam das ja aus der Ecke der Liebhaber von Paläopornos, denn, ganz im Vertrauen gesagt, es ist gar nicht klar, ob Dinosaurier überhaupt einen erigierbaren Penis besaßen. Die Fossilüberlieferung schweigt dazu, wie so oft. Auch bei noch so intensiver Suche wird sich daran, fürchte ich, auch in Zukunft nichts ändern.

Wissenschaftler wären allerdings keine Wissenschaftler, wenn sie sich mit diesen miesen Aussichten abgefunden hätten. Wenn die Knochen allein nicht weiterhelfen, suchen sie eben nach anderen Mitteln und Wegen, um ihre Fragen zu beantworten. So sind sie auf eine Methode gekommen, bei der die Tiere, um die es geht, gleichsam in eine stammesgeschichtliche Zange genommen werden. Die Forscher suchen zu diesem Zweck zwei heute lebende Tiergruppen, die im verzweigten Abstammungsbaum jeweils die benachbarten Äste belegen (*extant phylogenetic bracketing*). Im Falle der Dinosaurier sind das Krokodile und Vögel, die einzigen überlebenden Archosaurier. Krokodile gingen schon eigene Wege, bevor die Dinosaurier sich in ihre verschiedenen Untergruppen aufspalteten, besitzen mit diesen aber gemeinsame Vorfahren. Die Vögel dagegen sind Überlebende des Dinosauriergeschlechts selbst.

Ein Schluss, den man mithilfe dieser Methode der phylogenetischen Umklammerung ziehen könnte, bezieht sich auf die Beschaffenheit der Eier. Da sowohl Vögel als auch Krokodile Eier mit relativ harten Kalkschalen legen, ist das auch für Dinosaurier anzunehmen – und durch Tausende von Dinosauriereifunden wurde diese Vermutung mittlerweile bestätigt. Was den Akt als solchen angeht, lernen wir aus diesem Vergleich leider nicht viel Neues:

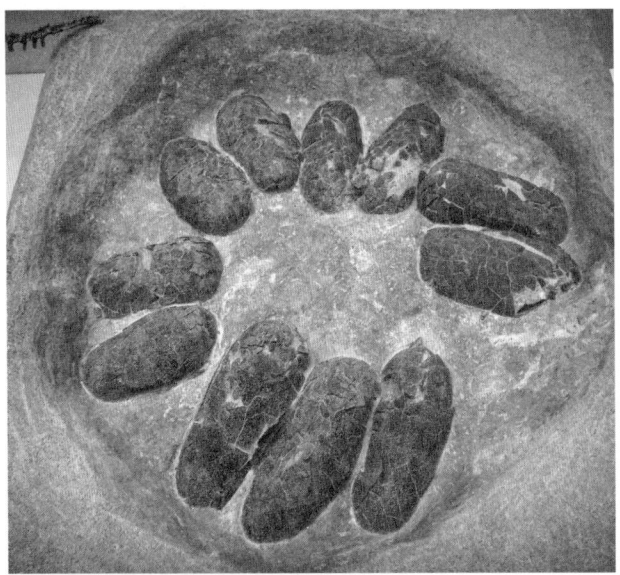

Ein fossiles Gelege des Oviraptors Heyuannia huangi aus China. Die blauen (!) Eier wurden immer paarig abgelegt, ein Hinweis darauf, dass bei Dinosauriern beide Eierstöcke aktiv waren.

Nach einem mitunter stundenlangen und lautstarken Vorspiel »ist die Paarung bei Krokodilen und vielen Vögeln kurz«, stellen die britischen Paläontologen Paul M. Barrett und Darren Naish fest. »Also war sie es bei Dinosauriern vielleicht auch.« Na gut, ein Rest Hoffnung bleibt den erwartungsvoll dreinblickenden Buchcoverschönheiten. Viel wahrscheinlicher ist jedoch, dass ihnen eine herbe Enttäuschung bevorsteht.

Leider lässt sich auch die Penisfrage nicht eindeutig beantworten. Krokodile besitzen einen, vielen Vögeln fehlt er. Doch ganz ohne Penis, der, ist er einmal am Ziel, eine ziemlich sichere Übertragung der Spermien gewährleistet, könnte es für so riesige Tiere wie Sauropoden wirklich schwierig geworden sein. Elefantenbullen besitzen einen 1,5 Meter langen Penis, der über eine spezielle Autonomie verfügt. Er tastet sich gewissermaßen allein ans Ziel, durch wiederholte Kontraktionen, die keiner willentlichen Kontrolle unterliegen. Der Bulle, für den diese Aufgabe sonst kaum zu bewältigen wäre, weil er da unten nun einmal keine Augen besitzt, bringt sich hinter der Auserwählten einigermaßen in Position, und den Rest erledigt dann sein Fortpflanzungsorgan ganz allein. Er muss sich dazu kaum bewegen. Eine geniale Erfindung! Experten wie Mark Hallett und Mathew J. Wedel sind sich sicher, dass »wegen ihrer viel größeren Masse, Höhe und potenziellen Instabilität« auch Sauropodenbullen elefantenähnliche Kopulationsorgane besessen haben.

Was geschah danach? Wieder hilft der Vergleich mit Krokodilen und Vögeln. Beide bauen Nester. Krokodile vergraben ihre Eier und bedecken das Gelege mit Erde und Pflanzenmaterial, oder sie schichten Hügelnester auf, in denen eine Decke aus verrottenden Pflanzen für optimale Temperaturen sorgt. Ein ähnliches Verhalten kennt man auch von Vögeln, wobei manche beim Nestbau einen so gewaltigen Aufwand treiben, dass sogar viel größere Dinosaurier mit dem Ergebnis hätten zufrieden sein können. Es gibt sogar grabende Vögel, die unterirdische Nester bauen.

Dass Vögel sich aufopferungsvoll um ihre Nestlinge kümmern, weiß jedes Kind. Forschungen der letzten Jahre haben aber gezeigt, dass auch Krokodile sehr viel fürsorglicher sind, als man es ihnen zugetraut hat. Sie beschützen ihre Nachkommen vor Raubtieren, unterstützen sie beim Schlüpfen aus dem Ei, helfen bei der Nahrungssuche, adoptieren Babys anderer Weibchen oder füttern Jungtiere aktiv. Sowohl Männchen als auch Weibchen tragen ihre frisch geschlüpften Nachkommen im Maul ins Wasser. Sie kommunizieren untereinander und mit den Babys im Ei.

All das steckt den Rahmen dessen ab, was bei Dinosauriern zu erwarten ist. Wobei bei der großen Zahl der Arten und deren unterschiedlicher Lebensweise sicher verschiedene Strategien verfolgt wurden. Ob sie Pflanzen zum Nestbau verwendeten, wissen wir nicht, es ist aber wahrscheinlich, denn viele Dinosaurier waren zu groß und schwer, um ihre Eier selbst auszubrüten. Angehäuftes pflanzliches Material, das beim Verrotten zuverlässig Wärme produziert, wird in der Regel nicht konserviert. Man kennt deshalb auch nur wenige fossile Vogelnester, die aus Pflanzen gebaut wurden.

Paläontologen haben mittlerweile Tausende von Dino-Eiern gefunden, darunter auch unbeschädigte Exemplare und ganze Gelege. Viele sind mehr oder weniger länglich und von sehr unterschiedlicher Größe, beginnend bei 10 bis über 30 Zentimetern Länge. Kugelrund waren dagegen die Eier von Sauropoden. Sie fassten bis zu fünf Liter Inhalt und waren so groß wie ein Handball. Viel größer können Eier nicht sein, weil ihre Schale mit wachsendem Umfang dicker werden muss, damit die Eier nicht unter ihrem eigenen Gewicht kollabieren. Die Grenze ist erreicht, wenn die Schale zu dick wird, um noch einen ausreichenden Gasaustausch mit der Umgebung zu gewährleisten.

In der argentinischen Fundstelle Auca Mahuevo gelang die Entdeckung einer ganzen Titanosaurier-Brutkolonie. Die Nester, einfache, mit den Hinterbeinen ausgehobene Vertiefungen, lagen etwa drei Meter entfernt voneinander. Mehrere Schichten solcher Gelege lagen übereinander, sodass man davon ausgehen kann, dass die Tiere über einen längeren Zeitraum immer wieder zur Eiablage hierherkamen. Aus der relativ geringen Zahl von 26 bis 28 Eiern pro Gelege schließen die Fachleute, dass die Weibchen mehrmals im Jahr ablaichten, und aus der Dicke der Ablagerungsschichten glauben die Forscher sogar ermitteln zu können, wie lange dieser Nistplatz von Titanosauriern benutzt wurde. Es waren – halten Sie sich fest – 10 000 Jahre, ein Zeitraum, in dem man die gesamte Menschheitsgeschichte unterbringen könnte, von der Sesshaftwerdung bis zur Erfindung des Smartphones. Spuren einer nen-

nenswerten Dinoturbation, einer Verwirbelung oder mechanischen Durchmischung des Bodens, waren nicht zu finden, also können die Tiere sich hier nicht lange aufgehalten haben. Wahrscheinlich kamen sie nur hierher, um ihre Eier abzulegen. Danach verschwanden sie wieder, und die Jungtiere, die später aus den Eiern schlüpften, waren auf sich allein gestellt.

Ganz anders ging es bei der »Gute-Mutter-Echse« zu, den Maiasauriern in Nordamerika, deren Nistplatz in der Nähe des später sogenannten *Egg Mountain*, Montana, von Marion Brandvold im Jahr 1977 entdeckt und von Jack Horner wissenschaftlich beschrieben wurde. Maiasaurier sind eine Art der Entenschnabel- oder Hadrosaurier, die große Herden bildeten und zur Brutzeit offenbar auf engem Raum und in riesigen Kolonien zusammenlebten, wie man es heute von Pinguinen und anderen Seevögeln kennt. Anders als die kleinen Titanosaurier in Argentinien waren junge Maiasaurier jedoch Nesthocker, denn ihre Beinknochen waren noch unfertig und der Boden der Nester mit zertrampelten Eierschalen bedeckt. Für die Nesthocker-Hypothese spricht auch die relativ massive Bauart der Nester. Sie waren einen Meter tief, hatten einen doppelt so großen Durchmesser und einen festen, wahrscheinlich aus Schlamm gefertigten Rand. Möglicherweise waren fossile Pflanzenfragmente, die man darin gefunden hat, Reste der von den Eltern vorgekauten Nahrung.

Dass Maiasaurier ihre Eier bebrüteten, ist wegen ihrer Größe – sie wurden immerhin sieben Meter lang – eher unwahrscheinlich. Bei kleineren Raptoren kann das durchaus der Fall gewesen sein. Man hat Elterntiere zusammen mit ihren Eiern und schon geschlüpften Jungtieren gefunden. Ein außergewöhnliches Beispiel für die elterliche Fürsorge unter Dinosauriern stammt aus China: ein nicht ganz ausgewachsener Psittacosaurus zusammen mit 34 nahezu gleich großen Babys. Handelt es sich um ein Elterntier? Die Zahl der Babys erscheint dafür zu groß. Kann es sein, dass hier eine Art Kindergarten von einer Schlammlawine verschüttet wurde, ein älteres Tier, das sich um die Nachkommen aus mehreren Gelegen kümmerte? Von Vögeln kennt man ein solches Verhalten.

In den fossilen Überresten eines chinesischen Raptoren steckten, als man sie ausgrub, zwei Eier. Offenbar ist das Tier unmittelbar vor oder während der Eiablage gestorben. Bei Dinosauriern scheinen demnach beide Eileiter aktiv gewesen zu sein, anders als bei Vögeln, die nur noch einen funktionsfähigen Eileiter haben. Anscheinend setzten die Nicht-Vogel-Dinosaurier auf hohe Nachkommenzahlen. Fachleute schätzen, dass ein Sauropodenweib-

Ein spektakulärer Fund aus Liaoning im Nordosten Chinas: ein erwachsener Psittacosaurus mit nicht weniger als 34 Babys – ein Kindergarten?

chen im Laufe seines Lebens etwa 800 Eier legte – das ist das Hundertfache der Nachkommenzahl von Elefanten und Blauwalen.

Bei dem chinesischen Raptor, der gemeinsam mit zwei Eiern im Innern seines Skeletts gefunden wurde, handelte es sich ganz offensichtlich um ein Weibchen. Ein seltener Glücksfall. Denn die Geschlechtszugehörigkeit ihrer gefundenen Dinos war für die Forscher lange ein frustrierendes Buch mit sieben Siegeln. An den Knochen ist leider nicht zu erkennen, ob sie einmal einem Weibchen oder einem Männchen gehörten, und um einen statistischen Vergleich vieler Tiere durchzuführen, gibt es meist nicht genug Fossilien. Alle Skelettmerkmale, die diesbezüglich untersucht wurden, haben sich jedenfalls als nicht zuverlässig herausgestellt.

Das änderte sich erst, als Mary Higby Schweitzer, eine Wissenschaftlerin der North Carolina State University, sich des Knochens MOR 1125 annahm. »MOR« steht für das Museum of the Rockies, eines der bestbestückten Dinosauriermuseen der Welt, nicht zuletzt durch die Sammeltätigkeit von Jack Horner, der dort als Kurator arbeitet – falls er nicht gerade als wissenschaftlicher Berater einer einschlägigen Hollywood-Produktion tätig ist. Auf sein Konto geht unter anderem die Entdeckung von nicht weniger als fünf Tyrannosauriern während einer Grabungskampagne im Jahr 2000 in der berühmten Hell-Creek-Formation in Montana. Einem Tier, das zum Todeszeitpunkt etwa 18 Jahre alt gewesen ist, gehörte der relativ kleine Femur MOR 1125, dessen Bruchstücke die Dino-ForscherInnen nun genauer unter die Lupe nehmen wollten.

Mary Schweitzer hatte erst spät zur Paläontologie gefunden und dafür einen weiten Umweg genommen. Die Mutter von drei Kindern war nämlich als gläubige Katholikin und Junge-Erde-Kreationistin zu Horner gekommen, als eine Frau also, die wie die Zeitgenossen von Mary Anning davon überzeugt war, auf einer erst wenige Tausend Jahre alten Erde zu leben. Für einen Biologen, der über ausgestorbene Tiere arbeitet und natürlich von der

Tatsache der Evolution überzeugt ist, glich das eigentlich einer Heimsuchung. Jack Horner aber nahm die Herausforderung an und begann ihr die wissenschaftlichen Daten zu zeigen. Er versuchte nicht, sie zu überzeugen, sondern weckte ihre Neugierde und schaffte es tatsächlich, sie zu einer begeisterten und innovativen Paläontologin zu machen. Mary Schweitzer hat ihren Glauben nicht verloren, wohl aber ihre Ignoranz gegenüber Erkenntnissen der modernen Wissenschaft, und sie dankte es Horner mit einer sensationellen Entdeckung, die in Fachkreisen für viel Aufregung sorgte.

Begonnen hatte alles wie so oft mit einem Zufall. Während der komplizierten Bergung des Oberschenkelknochens war ein schuhkartongroßes Gesteinsstück abgebrochen. Mary Schweitzer hatte es eingesteckt, um es später im Labor zu untersuchen.

In einem Interview für das Web-Frauenmagazin *The Well* schilderte Schweitzer, was dann geschah: »Ich hatte diesen Dinosaurier, der vor Kurzem erst aus dem Feld gekommen war – es war ein ›frischer‹ alter Knochen, gerade aus dem Boden geholt. Als ich es präparierte, hatte dieses Fossil einen Geruch an sich. Es roch. Es roch sehr, sehr stark. Es roch wie ein Kadaver – dieser eigenartige, sehr süßliche Geruch, verfallende, verrottende Süße. Genau so hat mein Dinosaurier gerochen. Und dann saß ich da und dachte: Ich erzähle das niemandem.

Und dann, als ich den Knochen präparierte – der Knochen wird aus dem Sediment genommen, und wenn er gebrochen ist, gesäubert und dann wieder zusammengeklebt –, sah der schwammartige Knochen im Inneren der Langknochen wie ein frischer aus. Und wieder dachte ich: Das erzähle ich niemandem.«

Glücklicherweise änderte sie ihre Meinung und publizierte ihre Entdeckung in dem angesehenen Wissenschaftsjournal *Science*. An der Innenwand des Oberschenkelknochens hatte sie ein fossilisiertes schwammartiges Gewebe entdeckt, das in die Markhöhle hineinragte. Bis in seine mikroskopische Feinstruktur erinnerte es an eine Struktur, die sie von Vögeln kannte, den sogenannten »medullären Knochen«. Siebzehn Mal wiederholte sie ihre Untersuchungen, um ganz sicher zu sein. Die Sekunde, in der Mary Schweitzer und den anderen klar wurde, was sie entdeckt hatten, dürfte zu jenen seltenen und unbeschreiblichen Momenten des Triumphes gehört haben, von denen alle Wissenschaftler träumen, die aber nur wenigen in ihrem Leben vergönnt sind.

Aber was hatte es mit diesem Gewebe auf sich? Wenn Vogelweibchen vor der Eiablage stehen, führt eine Östrogenausschüttung zur Bildung eines spezifischen, sehr kalziumreichen und stark durchbluteten Knochengewebes in den Röhrenknochen der Beine. Dieser medulläre Knochen wird direkt an der Innenseite des harten Knochenschafts gebildet und dient den Tieren als Calciumvorrat für die Produktion der Eierschalen.

Mary Schweitzer war in MOR 1125, dem Oberschenkelknochen eines Tyrannosauriers, auf ein typisches Vogelmerkmal gestoßen. Und mehr noch: Die Tatsache, dass dieses 68 Millionen Jahre alte Exemplar wie ein schwangerer Schwan aus dem Stadtpark nebenan medulläres Knochengewebe gebildet hatte, wies das Tier als Weibchen aus, das der Tod kurz vor oder während der Eiablage ereilt hatte. Endlich hatte man also, zumindest für einige Tiere, eine sichere Methode der Geschlechtsbestimmung gefunden. Aber das Zeitfenster war eng, nach dem Ende der Eiablage wird das medulläre Knochengewebe rasch abgebaut. Ein wenig Glück gehört dazu.

Natürlich machten sich Wissenschaftler nun auf die Suche nach weiteren schwangeren Dinosaurierdamen, deren Überreste möglicherweise unerkannt in den Knochenkellern lagerten. Und nicht nur Mary Schweitzer hatte Erfolg. Da medulläres Knochengewebe mittlerweile bei Echsenbecken- und Vogelbeckendinosauriern gefunden wurde, gehen die Paläontologen davon aus, dass es sich bei dieser Form der Kalziumspeicherung um ein altes Merkmal handelt. Aus einem scheinbar exklusiven Charakteristikum der

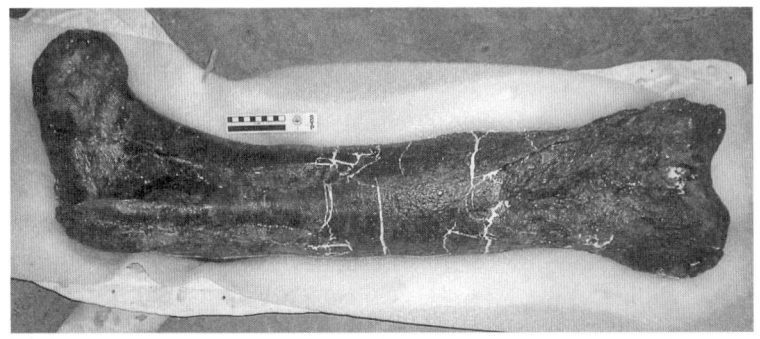

Das ist MOR 1125, der T.-rex-Knochen, in dem Mary Schweitzer medulläres Knochengewebe nachweisen und dem Tier damit ein Geschlecht zuordnen konnte. Dieser Knochen gehörte einem 18-jährigen Weibchen, das in der Zeit seiner Eiablage zu Tode kam.

Vögel war ein Kennzeichen aller Dinosaurier geworden. Krokodile, die anderen heute noch lebenden Archosaurier, scheinen keinen medullären Knochen zu bilden.

Woher wusste man eigentlich, dass MOR 1125 zum Zeitpunkt seines Todes 18 Jahre alt gewesen ist? Und was bedeutete es für einen T. rex, 18 Jahre alt zu sein? Das Tier war geschlechtsreif, sonst hätte es keinen medullären Knochen besessen und keine Eier produzieren können, aber war es in diesem Alter noch ein Teenager oder schon über seinen Zenit hinaus? Unter Vögeln und Krokodilen gibt es wahre Methusalems, die 100 Jahre und älter werden können. Galt ähnliches für die ausgestorbene Archosaurierverwandtschaft?

Auch diese Information kann man aus der Feinstruktur der Knochen herauslesen, und das Ergebnis zeigt, dass der Vergleich mit Krokodilen und Vögeln nicht immer zum Ziel führt. Dünne Schnitte durch das Knochengewebe zeigen auch bei Fossilien eine mehr oder weniger deutliche Schichtung, die durch Phasen schnellen bzw. langsamen Wachstums zustande kommt. Knochen besitzen daher wie Bäume Jahresringe, sogenannte Wachstumslamellen (*lines of arrested growth*), aus denen sich relativ leicht das Alter der Besitzer bestimmen lässt.

Für einen Tyrannosaurus rex wurde so eine Lebensspanne von etwa 28 Jahren ermittelt. Seinem Status als Popstar angemessen, starb ein durchschnittlicher T. rex also etwa im gleichen Alter wie Jimi Hendrix, Jim Morrison oder Amy Winehouse. Selbst Giganten wie dem Argentinosaurus war keine wesentlich längere Lebenszeit vergönnt. Hält man sich die handballgroßen Eier und die Dimensionen eines ausgewachsenen Tieres von 30 bis 40 Metern Länge vor Augen, kann das nur bedeuten, dass die Tiere außergewöhnlich schnell wuchsen, viel schneller als heute lebende Reptilien. Wachstumskurven, die mithilfe der Wachstumslamellen erstellt wurden, bestätigen diese Vermutung. Ein T. rex im besten jungen Mannesalter von 14 bis 18 Jahren legte demnach täglich zwei Kilogramm an Gewicht zu. Im Alter von 20 Jahren und bei einem Gewicht von fünf bis sechs Tonnen war er ausgewachsen. Bei heranwachsenden Sauropoden war die Gewichtszunahme mit 500 bis 2000 Kilogramm im Jahr noch größer, das sind bis zu 5,5 Kilogramm am Tag. Wie beim Tyrannosaurus kam das Wachstum mit 20 Jahren fast zum Stillstand. Normalerweise ist das der Zeitpunkt, an dem Tiere geschlechtsreif werden. Nicht so bei Dinosauriern.

Kombiniert man beide Methoden, die skeletochronologische Ermittlung des Alters und – wenn man das Glück hat, medulläre Knochen zu finden – die Bestimmung des Geschlechts, kann man ein Alter ermitteln, in dem (weibliche) Dinosaurier geschlechtsreif wurden.

Kalifornische Forscher haben dies für drei Dinosaurierarten überprüft, für die beiden Fleischfresser Tyrannosaurus und Allosaurus und für einen Verwandten des Iguanodons. In allen drei Fällen stellte sich die Geschlechtsreife lange vor der Verlangsamung des Wachstums ein. Dinosaurier folgten der Devise: Lebe kurz, aber intensiv, und sorge frühzeitig für Nachwuchs. Bevor es zu spät ist.

Also war unsere Vorstellung falsch. Zwei sich paarende 80-Tonner waren wahrscheinlich die absolute Ausnahme, wenn es sie überhaupt gegeben hat. Noch in den 1970er-Jahren glaubten die Fachleute, dass große Sauropoden mehr als 200 Jahre lang lebten und 60 bis 100 Jahre brauchten, um ihre Geschlechtsreife zu erreichen und mit der Reproduktion beginnen zu können. Heute wissen wir, dass mittelgroße Dino-Arten nach 2 bis 15 Jahren ausgewachsen waren, Maiasaurier nach 8, und Sauropoden erreichten ihre maximale Größe im Alter von 20 Jahren. Mit 8 bis 10 Jahren aber wurden sie schon geschlechtsreif, waren also, wie alle anderen Dinosaurier auch, noch im Teenageralter, als sie die ersten Eier legten.

Wäre eine Paarung ausgewachsener Tiere zu gefährlich gewesen, zu riskant für Leib und Leben der beiden Partner? Vielleicht. Oder war nur so sicherzustellen, dass die Tiere sich überhaupt in ausreichender Zahl fortpflanzten? Gesunde, ausgewachsene Sauropoden mögen vor Raubtieren einigermaßen sicher gewesen sein, vermutlich war es aber nicht leicht für die Tiere, bis ins hohe Alter gesund und fit zu bleiben. Sie wurden von Krankheiten und Parasiten geplagt und liefen immer Gefahr, sich zu verletzen und Hungerphasen zu durchleiden. Je länger man die Fortpflanzung aufschob, desto größer war die Gefahr, dass man nie oder nicht mehr in ausreichendem Maße zum Zuge kam. Wenn Dinosaurier ausgewachsen waren, hatten sie kein langes, erfülltes Erwachsenenleben mehr vor sich, sondern nur noch wenige Lebensjahre bis zu ihrem Tod.

Da sie sich schon in jungen Jahren fortzupflanzen begannen und so im Vergleich zu Säugetieren und Vögeln viele Nachkommen produzierten, müssen die Dinosaurierpopulationen zu einem hohen Prozentsatz aus jungen und sehr jungen Tieren bestanden haben. Tatsächlich stammen die meisten Fußabdrücke, die man gefunden hat, von juvenilen Tieren. Und aus den Wachstumslamellen fossiler Knochen kann man ablesen, dass die meisten Tiere den Tod fanden, bevor sie ausgewachsen waren. Diese Populationsstruktur ist auch deshalb von Bedeutung, weil die Jungtiere einiger Arten sich zum Teil gravierend von den Alttieren unterschieden. Sie sahen nicht nur anders aus, sie ernährten sich auch anders, und sie lebten in anderen Lebensräumen. Einige benahmen sich, als gehörten sie unterschiedlichen Tierarten an – für manche Forscher eines der Geheimnisse ihres Erfolges: Konkurrenzvermeidung und optimale Ressourcennutzung.

Besonders deutlich wird das wiederum bei den Sauropoden. Die Titanosaurier-Jungtiere, die man zum Beispiel im argentinischen Auca Mahuevo gefunden hat, besaßen verhältnismäßig große Köpfe, stupsnasige Gesichter, kurze Schnauzen und deutlich kürzere Hälse – das Kindchenschema gab es also schon, bevor es Menschen gab. Baumkronen, die wahrscheinliche Hauptnahrung ihrer Eltern, befanden sich noch weit außerhalb der Reichweite des Nachwuchses. Sie konnten sich anfangs also nur von bodennaher Vegetation ernähren, zum Beispiel von Farnen und Schachtelhalmen, deren dichte Bestände ihnen gleichzeitig Schutz boten. Aber die Tiere wuchsen schnell, die Hälse wurden länger, die Proportionen ihrer Köpfe veränderten sich, andere Pflanzenarten wurden erreichbar. Vermutlich mussten sie sich gemäß ihrer Größe immer wieder nach neuen Lebensräumen umsehen, nach Vegetation, die ihnen sowohl Schutz als auch Nahrung bot. Wurden sie zu groß, um sich noch verbergen zu können, schlossen sie sich möglicherweise zu Trupps und kleinen Herden zusammen. Erst ausgewachsene Tiere waren vor Angreifern einigermaßen sicher.

In Gestalt ihrer Trittsiegel konnten große Sauropoden in nassem Gelände Todesfallen für kleinere Tierarten hinterlassen. So geschehen in China, wo man in diesen bis zu zwei Meter tiefen Löchern in aufrechter Haltung begrabene Limusaurier entdeckt hat, kleine Theropoden, die als Einzige in ihrer Verwandtschaft keine

Zähne besaßen und als reine Pflanzenfresser galten. Kürzlich konnten Forscher aber 19 Tiere unterschiedlichen Alters untersuchen, und überraschenderweise fanden sich nun bei den jungen Tieren sehr wohl Zähne. Je älter die Tiere wurden, desto lückenhafter wurde ihr Gebiss, bis zum zahnlosen Zustand der Erwachsenen. Innerhalb eines Lebens vom Fleischfresser zum Vegetarier – eine vergleichbar radikale Umstellung hatte man bei Dinosauriern bisher noch nie festgestellt.

Auch unser Lieblingsmonster, der Tyrannosaurus rex, könnte ein Beispiel für Jungtiere liefern, die gewissermaßen aus der Art fallen. Man hat ihnen einen eigenen Namen gegeben: Nanotyrannus. Ein vollständiger Schädel wurde 1942 in der Hell-Creek-Formation in Montana gefunden, 2001 folgte »Jane«, ein Teilskelett. Die Tiere waren nur fünf Meter lang, eine Art Miniatur-T.-rex und sie lebten mit dem großen Original im gleichen Lebensraum. War das überhaupt denkbar? Noch ist die Forschergemeinde gespalten. Ist der Nanotyrannus wirklich eine eigene Spezies? Es gibt Argumente für die eine wie für die andere Fraktion. Wenn es ein junger T. rex wäre, dann hätte es neben den schweren Elterntieren diese »schlanken, leichtfüßigen, schmalschnauzigen, dolchzähnigen« kleinen Tyrannos gegeben, die auf ganz andere Beute Jagd machten. Vielleicht sogar im Rudel?

Es ist nicht leicht, fossile Knochen, die aus unterschiedlichen Fundstellen kommen, der gleichen Tierart zuzuordnen, und das umso mehr, wenn die Tiere unterschiedlichen Altersgruppen angehörten. Es ist häufig vorgekommen, dass unterschiedlich große Fundstücke neuen Arten zugeschrieben wurden, weil sie größer oder kleiner als die bisher bekannten waren. So gibt es neben dem Nanotyrannus alias T. rex jr. noch weitere Fundstücke, bei denen sich die Fachleute streiten, ob sie getrennten Arten angehören oder nur verschiedene Entwicklungsstadien oder Geschlechter ein und derselben Art darstellen.

Tiere verändern sich, wenn sie heranwachsen und geschlechts-reif werden, mitunter so stark, dass man sie kaum wiedererkennt. Die mächtigen Kragen und Hörner der Ceratopsier, die Kämme und Hörner von Hadrosauriern und Sauropoden, das Rückensegel des Spinosaurus, der dicke Knochendom auf dem Schädel eines Pachycephalosaurus, viele der auffälligen Strukturen, die Dino-saurier so imposant und unverwechselbar machten, wiesen die Jungtiere noch nicht auf. Wie will man die Zwischenstadien er-kennen und rekonstruieren? Wozu dienten diese Strukturen? Und waren sie bei beiden Geschlechtern in gleicher Weise ausgebildet?

In vielen Fällen wissen wir es nicht. Sicher hatten diese Struk-turen auch Funktionen. Sie waren Schallverstärker oder dienten Kampf und Verteidigung – die Verteilung und Art der Wunden auf den Nackenschilden von Triceratops sprechen eine deutliche Sprache. Mit gesenktem Kopf müssen die Tiere aufeinander zuge-stürmt sein, Raufbolde im Vergleich zu ihren friedlicheren Ver-wandten wie den Centrosauriern, bei denen deutlich weniger Ver-letzungen gefunden wurden.

Aufgrund ihrer zum Teil außergewöhnlich erscheinenden Ex-travaganz vermuteten manche Wissenschaftler aber, dass diese Strukturen darüber hinaus eine wichtige Schaufunktion besaßen. Sie richteten sich an potenzielle Rivalen und besonders an das an-dere Geschlecht. Oder anders gesagt: Sie waren Ziel und Gegen-stand sexueller Selektion, wie das Geweih der Hirsche und die Schwanzfedern eines männlichen Pfaus. Manche glauben, dass die Nackenschilde der Ceratopsier und die Knochenplatten der Stegosaurier bei Bedarf stark durchblutet worden seien und blut-rot aufgeglüht hätten. Was für ein Schauspiel – leider fehlen über-zeugende Beweise.

Aber wenn es so gewesen wäre, müssten wir dann nicht einen auffälligen Sexualdimorphismus sehen, Männchen mit schwerer Kopfbewaffnung neben deutlich weniger martialisch ausgestat-teten Weibchen? Unter Dinosauriern gibt es bisher keinen Beweis für derart extreme Unterschiede der Geschlechter. Beispiele aus vielen heute lebenden Tiergruppen zeigen aber: Sexuelle Selektion kann auch wechselseitig erfolgen, sodass beide Geschlechter mit einer entsprechenden Ausstattung aufwarten müssen. Dinosaurier wie Triceratops könnten dafür ein gutes Beispiel liefern.

Keiner der großen Nicht-Vogel-Dinosaurier, sondern ein zahnloser Urvogel aus China lieferte den Wissenschaftlern vor Kurzem das erste Beispiel für eine eher klassische Rollenverteilung. Von dem 125 bis 140 Millionen Jahre alten, krähengroßen Tier mit dem standesgemäßen Namen »Confuciusornis« gibt es Hunderte von gut erhaltenen Fossilien. Einige davon zeigen die Abdrücke von zwei langen Schwanzfedern, andere nicht. Handelt es sich um verschiene Arten? Um junge und alte Tiere? Oder befanden sich die Urvögel nur in verschiedenen Stadien der Mauser? Untersuchungen der Beinknochen lösten jetzt das Rätsel. Weibchen, identifiziert anhand der medullären Knochen, trugen keine langen Schwanzfedern. Es handelte sich ganz offensichtlich um Schmuckfedern der Männchen.

Vielleicht sind auch die langen Hälse der Sauropoden unter dem Oberthema »sexuelle Selektion« abzuhandeln und dienten erst in zweiter Linie dem Abweiden der Baumkronen. Bei Giraffen hat sich nämlich bei näherer Untersuchung gezeigt, dass sie trotz langer Hälse gar nicht so oft an hohen Bäumen fressen. Sie bevorzugen eher mittelhohe Sträucher. Die Hälse sind aber bei Kämpfen der Bullen von Bedeutung. Die Tiere hauen sie sich gewissermaßen gegenseitig um die Ohren. Vielleicht übten sich die Sauropodenbullen ebenfalls in diesem exotischen Kampfstil, und die Kühe standen daneben, knabberten scheinbar unbeteiligt an Kiefernzweigen und riskierten hin und wieder mal einen Blick auf die streitenden Giganten.

Eine der sehr seltenen Dinosauriermumien leuchtete kürzlich eine weitere bislang verborgene Nische in der dunklen Biologie die-

Knöcherne Kopffortsätze sind von vielen Dinosauriern bekannt. Offenbar trugen manche aber auch fleischige »Hahnenkämme« wie dieser Edmontosaurus.

ser Tiere aus. In Alberta, Kanada, fand man in der kreidezeitlichen Wapiti-Formation einen Edmontosaurus, eine Art, die zu den fossil am besten belegten Dinosauriern überhaupt gehört. Edmontosaurier trugen keinen knöchernen Kopfschmuck, wie man ihn von anderen Entenschnabelsauriern kennt. Die meisten Forscher glauben, dass diese auffälligen Knochenstrukturen den Schall verstärken sollten und damit im Kontext des sozialen Verhaltens dieser Herdentiere gesehen werden müssen.

Bei dem kanadischen Exemplar sind aber nun neben Teilen der Haut, die das genaue Muster der Schuppen zeigen, auch Weichteile im Kopfbereich zu erkennen. Offenbar trugen Edmontosaurier auf dem hinteren Drittel des Kopfes anstelle eines knöchernen einen fleischigen Kopfschmuck, einen »Hahnenkamm«. Derartigen, oft auffällig gefärbten Strukturen kommt bei allen Vögeln, die sie besitzen, eine wichtige Schaufunktion bei der Partnerwahl und bei Auseinandersetzungen mit Rivalen zu. Wir haben es also mit einem weiteren typischen Vogelmerkmal zu tun, von dem sich nun herausstellt, dass es schon bei Dinosauriern ausgeprägt war. Ob nur Edmontosaurus-Männchen oder beide Geschlechter einen Kamm trugen, wissen die Forscher nicht. Da keine langen Beinknochen des Tieres gefunden wurden, können Alter und Geschlecht der Mumie leider nicht bestimmt werden. Wir müssen uns, wie so oft in der Paläontologie, in Geduld üben.

7 Tristan – Rex and Drugs and Rock 'n' Roll

»Rex«, flüsterte der Junge.

Großvater sah sich um. »Was ist denn mit dem Hund?«

»Rex.« Benjamin schloss die Augen und sprach den ganzen Namen aus. »Tyrannosaurus rex.«

»Heiliger Strohsack«, sagte Großvater. »Das ist ein Name, der klingt. König von allen, was?«

Benjamin war versunken in Zeit, Dunst und sumpfigen, weglosen Mooren.

»König«, flüsterte er. »Von allen.«

RAY BRADBURY

Tristan – auf den ersten Blick ist das kein passender Name für einen Tyrannosaurier, oder? Für einen »König von allen«, für eines der größten und vollständigsten T.-rex-Skelette , die jemals gefunden wurden, das erste und – wenigstens für ein paar Monate – einzige in Europa.

In »Tristan« steckt das Wort »trist« und ich muss immer an die Kindergeschichte von dem traurigen Bärentollpatsch gleichen Namens denken, dem nichts gelingen will, der in jedes Fettnäpfchen tritt, dem es bei schönstem Wetter auf den Kopf regnet, ein Pechvogel, wie er im Buche steht.

In gewissem Sinne war auch T. rex ein Pechvogel, trotz der enormen Popularität, die er heute genießt. Nicht weil sich die völlig falsche Rockband nach ihm benannte, sondern weil ihm nur so wenig Zeit vergönnt war. Denn kaum war der Tyrannosaurus rex gegen Ende der Kreidezeit für die geologisch lächerlich kurze Zeitspanne von zwei Millionen Jahren auf der Weltbühne erschienen, musste er auch schon wieder abtreten. Auf dem Höhepunkt seiner Macht wurden er und die meisten anderen Dinosaurier Opfer einer extrem seltenen und unvorhersehbaren, aber verheerenden globalen Katastrophe, dem Einschlag eines zehn Kilometer langen Asteroiden, der große Teile des Planeten in ein tödliches Inferno verwandelte. Waldbrände, Regentropfen aus verflüssigtem Gestein, Megatsunamis, Erdbeben und ein jahrzehntelanger atomarer Winter waren die Folge.

Potsdamer Klimaforscher haben gerade mithilfe eines Computermodells demonstriert, dass infolge des Einschlags und in die Luft gewirbelter Schwefelsäuretröpfchen von einem Temperatursturz um etwa 26 Grad Celsius ausgegangen werden muss. Bis zu 16 Jahre lang bewegten sich die Temperaturen deutlich unter dem Gefrierpunkt, gewaltige Stürme, hervorgerufen durch die Temperaturdifferenz zwischen kaltem Land und noch warmem Ozean, wühlten die Meere bis in große Tiefen auf und kehrten das Unterste zuoberst. Das durch die Verdampfung ozeanischer Böden frei gewordene Kohlendioxid führte zu einem starken Treibhauseffekt, der erst nach mehreren Zehntausend Jahren wieder abklang. Auf dem Boden des heutigen Indiens hatte der Einschlag möglicherweise den Ausbruch zahlloser Vulkane des Dekkan-Trapps zur Folge, die zusätzlich riesige Mengen an Magma, CO_2 und Asche ausstießen. Vermutlich dauerte es mehrere Hunderttausend Jahre, bis sich die Verhältnisse auf der Erde wieder beruhigt hatten.

Die Dinosaurier hatten gleich in doppelter Hinsicht Pech. Nicht nur, dass überhaupt ein Brocken dieser Größe die Erde traf, er schlug ausgerechnet in einem Gebiet ein, wo das Gestein besonders reich an Kohlenwasserstoffen (z. B. Öl) und Schwefel ist. Japanische Wissenschaftler errechneten kürzlich, dass ein Einschlag an anderer Stelle keine derart katastrophalen Folgen gehabt hätte, viele Tierarten einschließlich der Dinosaurier hätten überlebt. Nur etwa 13 Prozent der Erdoberfläche sind aufgrund der Beschaffenheit des dortigen Gesteins Hochrisikogebiet. Und dieser Asteroid traf mitten hinein.

Nichts, keine irgendwie geartete Anpassung hätte ein Tier von der Größe und Lebensweise eines T. rex unter diesen Umständen vor dem Aussterben bewahren können. Würde sich die Katastrophe heute wiederholen, würden alle großen Säugetiere das gleiche Schicksal erleiden. Eigentlich ist es ein Wunder, dass diese Katastrophe überhaupt jemand überlebt hat. Eine Chance bestand nur für die Tiere, die relativ klein waren, über eine gegen die Kälte schützende Bedeckung der Körperoberfläche verfügten, keine allzu speziellen Ansprüche an ihre Nahrung stellten und möglichst weit weg von der Einschlagstelle lebten.

Die Dinosaurier wurden schwer getroffen, ganz ausgestorben sind sie aber nicht, man muss fast sagen: im Gegenteil. Zwar war es nur eine relativ kleine Gruppe, die sich in die Zeit nach dem großen Knall hinüberretten konnte. Doch dann setzte für diese Überlebenden, parallel zur Evolution der Säugetiere, eine bemerkenswerte Erfolgsgeschichte ein. Vermutlich war die Erde nie zuvor von so vielen verschiedenen Dinosaurierarten bevölkert wie in den letzten Hunderttausenden von Jahren. Wir nennen sie »Vögel«.

Auch aus menschlicher Sicht muss man dem kosmischen Felsbrocken auf Knien danken. Denn ohne ihn gäbe es uns nicht. Es waren unter anderem die Säugetiere, unsere Vorfahren, die zu den glücklichen Überlebenden gehörten und sich, nachdem Staub und Rauch verschwunden waren, in einer zerstörten Welt ohne die seit Urzeiten dominierenden Riesenechsen wiederfanden. Wir verdanken unsere Existenz einem kosmischen Zufall. Wäre der Kurs des Meteoriten nur geringfügig anders gewesen, wäre er mit 30 Kilometern pro Sekunde an der Erde vorbeigerauscht, wie andere Felsbrocken vor und nach ihm, T. rex, seine Dinosaurierverwandtschaft und ihre Nachkommen hätten den Planeten wohl noch viele Millionen Jahre länger beherrscht, vielleicht, spekulieren manche, um irgendwann aus den eigenen Reihen, vorzugsweise denen der Raptoren, intelligentes Leben hervorzubringen.

Doch es ist anders gekommen. Das Ende der Nicht-Vogel-Dinosaurier, der größten Landtiere, die je gelebt haben, kam standesgemäß mit einem mächtigen Rums und war somit keineswegs vorherbestimmt oder einer angeblichen Überlegenheit der Säugetiere geschuldet, wie man jahrzehntelang dachte. Sicher, die Dinos hatten schon bessere Zeiten gesehen als gegen Ende des Erdmittelalters. Ihre Vielfalt war zurückgegangen, schon bevor der kosmische Brocken unseren Planeten traf. Eine permanente Veränderung ihrer Lebensumstände hatte die Dinosaurier aber von Anfang an begleitet, und nichts hatte vor dem Einschlag darauf hingedeutet, dass ihre Zeit nun endgültig zu Ende gehen könnte.

Sie gingen nicht allein. Mehr als 70 Prozent aller damals auf der Erde lebenden Tierarten starben aus, darunter auch alle Meeresechsen und die Ammoniten, deren Vorherrschaft in den Meeren noch viel länger gedauert hatte als die der Dinosaurier an Land. Die während der Kreidezeit vorherrschende Vegetation, die riesigen Wälder, wurde innerhalb von Tagen oder Wochen vernichtet, stattdessen breiteten sich für eine Übergangszeit Farne aus. Ihnen muss eine Phase vorausgegangen sein, in der massenhaft Pilze gediehen, wahrscheinlich als Folge der großen Mengen an verrottender organischer Substanz, die überall herumlag. Ihre fossilisierten Sporen sind noch heute nachweisbar. Spätestens jetzt war für alle Endstation, die zwar den Einschlag und seine unmittelbaren Folgen überlebt hatten, sich aber nicht mit dem danach drastisch veränderten Nahrungsangebot arrangieren konnten.

Seit 1980, als Vater und Sohn Alvarez, der eine Physiker, der andere Geologe, den Einschlag eines großen Asteroiden als mögliche Ursache des Massenaussterbens am Ende der Kreidezeit ins Gespräch brachten und erste Beweise präsentierten, hat sich die-

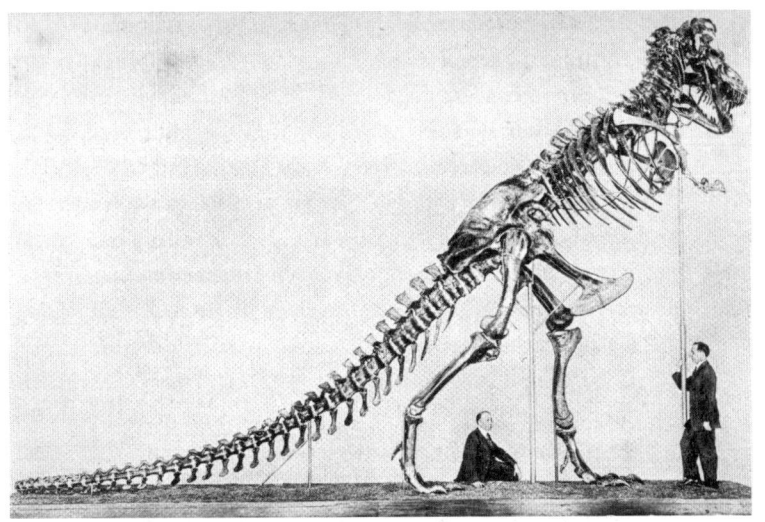

Im New Yorker American Museum of Natural History, der Wirkungsstätte von Henry Fairfield Osborn (1857–1935), wurde 1916 das erste Skelett eines Tyrannosaurus rex aufgestellt, in heute veralteter aufrechter Haltung mit nachgezogenem Schwanz.

ses Endzeitszenario für das Erdmittelalter trotz heftiger Diskussionen als das wahrscheinlichste herauskristallisiert. Auf der mexikanischen Halbinsel Yucatán wurde schließlich nahe dem Ort Chicxulub Pueblo ein von Sedimentgesteinen bedeckter Krater von 180 Kilometern im Durchmesser entdeckt, der genau aus dieser Zeit zu stammen schien. Modernste Verfahren der Altersbestimmung haben diese Einschätzung bestätigt. Danach fand das Zeitalter der Nicht-Vogel-Dinosaurier vor 66,04 Millionen Jahren mit der unvorstellbaren Detonationskraft von 200 Millionen Hiroshima-Bomben ein abruptes Ende.

Ein Pechvogel also, aber, hey, der vollständige Name unseres imposanten Freundes lautet Tristan Otto, und Tristan und Otto sind die Vornamen der beiden Söhne der Mäzene Niels Nielsen und Jens Peter Jensen, der stolzen Besitzer dieses Ungetüms. Und, ganz ehrlich, wenn mein Papa einen echten T. rex gekauft und ihm auch noch meinen Namen gegeben hätte, dann wäre es mir so was von egal gewesen, was irgendjemand über diesen Namen denkt. Ich nehme an, dem echten Tristan geht es nicht anders.

Die Anziehungskraft eines T. rex, wie auch immer er nun heißt, ist enorm und ungebrochen, für Laien genauso wie für Experten. Schon 1905, als Henry Fairfield Osborn das erste von seinem Assistenten Barnum Brown in Montana ausgegrabene Exemplar beschrieb, staunte die *New York Times* über das »furchterregendste kämpfende Tier, für das wir irgendeinen Beleg haben«. Natürlich, ein Kämpfer und Killer – was sonst? Würde man einen Tiger auch so bezeichnen?

Seit ein König der Tyrannosaurier sich in Berlin die Ehre gibt, stiegen die Besucherzahlen des Museums für Naturkunde um 40 Prozent, ein Riesenerfolg. Für die siebzig am Aufbau der Tristan-Ausstellung beteiligten Personen gingen am Tag der Eröffnung stressige Wochen zu Ende. Der Schädel war schon recht früh eingetroffen und hatte alle Erwartungen übertroffen. Mit dem konkreten Objekt vor Augen war manchem erst richtig klar geworden, was dem Museum da in den Schoß gefallen war. »Das ist wirklich toll. Ich bin ... Ich sehe so etwas zum ersten Mal«, sagte einer dem anwesenden Kamerateam. Sichtlich erregt konnte er den Blick von der geöffneten Kiste mit einem Teil von Tristans Oberkiefer gar nicht abwenden und schüttelte ungläubig den Kopf. »Und dann auch noch aus dieser Nähe. Es ist ...«, wieder Kopfschütteln, »... unglaublich groß.«

Kann es für einen Paläontologen etwas Schöneres geben, als einen so gut erhaltenen Tyrannosaurus für das eigene Haus auszupacken? Ein Paket, wie man es nur ein Mal im Leben erhält. Entsprechend euphorisch fielen die Kommentare aus: »Krass! Es ist unglaublich, was diese Objekte für eine Strahlkraft haben«, freute sich Uwe Moldrzyk, der Ausstellungsleiter. »Also, wir sind alle restlos begeistert, das ganze Team. Alle grinsen, alle sind total happy, wegen so 'n paar Knochen. Aber das ist halt einfach ... das ist der Star. Es sind eben ganz besondere Knochen.«

Die Schädelknochen eines Tyrannosaurus rex wiegen 180 Kilogramm, größere und eindrucksvollere wird man auf Erden kaum finden.

Aber dann ließ der Rest des Skeletts lange auf sich warten, zu lange. Zeitweilig stand sogar der geplante Eröffnungstermin infrage. Am Ende ging jedoch alles gut, eine Punktlandung, die dem Team alles abverlangte. Die Stadt hing voller düsterer Plakate (»Berlin zeigt Zähne«), die nichts als einen metallisch glänzenden Zahn vor schwarzem Hintergrund zeigten, das Medieninteresse war enorm und das altehrwürdige Museum platzte bei der Eröffnungsveranstaltung aus allen Nähten. Nur 15 Monate später konnte der millionste Besucher begrüßt werden. Er hieß – kein Scherz – Tristan. (Alle Menschen dieses Namens hatten an diesem Tag freien Eintritt.)

Ist der Name »Sue« etwa besser? So heißt nämlich der bisher größte, 1990 gefundene T. rex, der nach seiner Entdeckerin, der Paläontologin Sue Hendrickson, benannt wurde. Ob es sich bei Sue um ein Weibchen handelt, ist allerdings genauso unbekannt wie Tristans Geschlecht. Wie gesagt, um das Geschlecht anhand der medullären Knochen bestimmen zu können, muss man das Glück haben, ein trächtiges Weibchen zu finden. Vom T. rex kennt man allerdings zwei Varianten, einen robusteren und einen etwas grazileren Typ, und manche Forscher glauben, dass diese Unterschiede Ausdruck eines Geschlechtsdimorphismus und robust gebaute Tiere Weibchen seien. Sue würde nach diesen Kriterien dem grazilen Typ angehören und wäre demnach ein Männchen. Andere Forscher bezweifeln das und führen den unterschiedlichen Körperbau eher auf geografische oder altersbedingte Unterschiede zurück.

Um die Besitzrechte an Sue wurde fünf Jahre lang ein erbitterter Rechtsstreit ausgefochten, der sowohl in einem Buch als auch in einem preisgekrönten Dokumentarfilm festgehalten wurde (*Dinosaur 13*). Erst als das Gericht schließlich zugunsten des Landbesitzers entschieden hatte, konnte Sue am 4. Oktober 1997 bei Sotheby's in New York versteigert werden, wo das Chicagoer Field Museum of Natural History dank der Restaurantkette McDonald's und anderer privater Spender für die Rekordsumme von 7,6 Millionen Dollar den Zuschlag erhielt. Wie nun der Berliner T. rex zieht auch Sue die Massen an, seit Mai 2000 wurden in Chicago mehr als 16 Millionen Besucher gezählt.

Mit 224 von insgesamt 321 Knochen ist Sue nicht nur das größte, sondern auch das vollständigste T.-rex-Exemplar, das bisher gefunden wurde. Einige seiner Knochen hatten die Forscher noch nie zuvor gesehen, zum Beispiel das sogenannte Gabelbein oder

So werden Tyrannosaurier heute präsentiert: Tristan Otto in seinem Berliner Museumsdomizil. Seit auch das niederländische Leiden einen T. rex besitzt, ist er einer von zweien seiner Art in Europa. Beide Skelette sind sehr gut erhalten.

Furcula, eigentlich eine Spezialität der Vögel, ein elastischer Knochen, der die Schultern beim Fliegen wie eine Art Feder auseinanderhält. Man hat diesen vermeintlichen Vogelknochen mittlerweile auch bei vielen anderen Theropoden gefunden. Welche Funktion er bei den Dinosauriern erfüllte, ist ungeklärt.

Oder den Steigbügel, einen Gehörknochen aus dem Innenohr, der im Falle von Sue immerhin 30 Zentimeter lang, aber nur 3 Millimeter dick war. Offenbar hatte T. rex ein feines Ohr für hochfrequente Geräusche. Derart filigrane Knochenstrukturen bleiben sonst fast nie erhalten. Ein Präparator fand den Steigbügel, als er das Gestein aus Sues Schädelinnerem entfernen wollte.

Sicher mussten die Besitzer für Tristan Otto ebenfalls tief in die Tasche greifen, auch wenn von ihm nur 170 Knochen gefunden wurden. Den genauen Preis behalten sie allerdings für sich. Es sei ein Kindheitstraum von ihm gewesen, einmal einen eigenen Dinosaurier zu besitzen, begründete Niels Nielsen seine Kaufentscheidung gegenüber den Journalisten. Wer weiß, wann und ob ein Skelett dieser Qualität überhaupt noch einmal auf den Markt kommt. Also habe er zugeschlagen, wobei für ihn immer klar gewesen sei, dass man einen solchen Schatz nicht in die eigene Garage stellen könne, sondern den Menschen zeigen und Forschung ermöglichen müsse. Jetzt ist er glücklicherweise in einem öffentlichen Museum zu sehen, bis dahin aber befand sich der gesamte Prozess, von der Entdeckung durch den professionellen Fossiliensucher Craig Pfister über die jahrelange Ausgrabung bis zur Präparation in privater Hand. Mit Dinosaurier-Devotionalien wird viel Geld verdient, eine Entwicklung, die die Museumsleute mit Sorge betrachten. Das Black Hills Institute of Geological Research, ein Unternehmen, das allein an neun Tyrannosaurus-Ausgrabungen, darunter auch der von Sue, beteiligt war, bietet Kunden sowohl Originalstücke als auch Kopien verschiedener Dinos an. Die originalgetreue Nachbildung eines halben T.-rex-Schädels als Wandschmuck für das Wohnzimmer ist schon für schlappe 5750 US-Dollar zu haben.

Das Problem besteht vor allem darin, dass manche Fossilienjäger bei ihren Ausgrabungen nicht die gebührende Sorgfalt walten lassen. In extremen Fällen werden nur die Schädel mitgenommen und der Rest wird liegen gelassen – für Paläontologen eine Todsünde. Es geht eben nur um möglichst spektakuläre Einzelstücke, die sich gut verkaufen lassen, nicht um wissenschaftliche Erkenntnis. Eine sorgfältige Dokumentation der Ausgrabungsstätte wird unterlassen, die fossile Begleitflora und -fauna wird nicht aufgenommen. Dabei können Paläontologen gerade aus dem Drumherum eines Dinosaurierfundes viel über die Lebensumstände des Tieres erfahren. Eine der ersten Aktivitäten der Berliner Museumsforscher war denn auch eine Reise zur Fundstätte Tristans in Montana, um vor Ort Bodenproben zu nehmen und noch möglichst viele Informationen über die Gesteinsschicht zu erhalten, in der man die fossilen Überreste gefunden hat.

Tristan ist etwas kleiner als Sue. Sein herausragendes Merkmal ist der nahezu vollständige Schädel. Er war komplett zerlegt, die etwa 50 Knochen, aus denen er sich zusammensetzt, lagen einzeln verstreut im Sediment. Das bewahrte sie vor Verformungen. Andere Schädel, zum Beispiel der von Sue, sähen ja manchmal aus, als seien sie zwischen die Fäuste der Klitschkos geraten, sagte Heinrich Mallison, einer der Museumswissenschaftler, in die Mikrofone der Reporter. Nicht so Tristan. Sein Schädel ist nahezu makellos, wurde kaum deformiert oder zusammengepresst. Nachdem man alle Knochen eingescannt hat, wird das Original nun in einer separaten Vitrine ausgestellt, weil es für das Skelett zu schwer wäre. Das trägt stattdessen eine perfekte und sehr viel leichtere Kopie aus dem 3-D-Drucker. Außerdem kann man auf diese Weise einzelne Knochen zu Forschungszwecken entnehmen, ohne dass das aufgestellte Skelett Tristans dadurch kopflos wird. Im März 2017 geschah das zum Beispiel mit dem rechten Unterkiefer.

Bevor ich verrate, warum, muss ich allerdings noch Trix vorstellen. Was nach einer Comicfigur klingt, ist der von der niederländischen Öffentlichkeit ausgewählte Name (Beatrix!) des zweiten »einzigen« T. rex in Europa, der seit 2016 dem Naturalis-Biodiversitätszentrum in Leiden gehört und dort in der neu renovierten paläontologischen Halle zu sehen sein wird. Mit über 30 Jahren ist Trix der älteste T. rex, der bislang ausgegraben wurde. Falls Tristan Berlin irgendwann verlassen muss, wird Trix als einziger T. rex dauerhaft in Europa bleiben.

Ungefähr fünfzig Individuen sind bisher vom Tyrannosaurus rex gefunden worden, ein knappes Dutzend davon kann man als Skelette bezeichnen, von den restlichen existieren nur einzelne Knochen. Die vier am besten erhaltenen und vollständigsten, Tristan, Sue, Trix und der bisher noch nicht erwähnte Stan aus den Beständen des Black Hills Institute, stammen aus der für ihren Fossilienreichtum berühmten Hell-Creek-Formation im Nordwesten der Vereinigten Staaten. Vor Ort präsentiert sich die Gegend als trockene, von spärlicher Vegetation bedeckte Prärie, eine Hügellandschaft, die von zahllosen Erosionsrinnen durchzogen wird. Aus einer derart aufgeschlossenen Wand ragten damals Tristans Beckenknochen heraus, und der Fossilienjäger und Paläontologe Craig Pfister, der hier durch die Gegend streifte, wusste sofort, was er da gefunden hatte. Es gibt sicher viele Menschen, mich eingeschlossen, die gern an seiner Stelle gewesen wären.

Badlands nennen die Amerikaner diese karge Gegend. Hier, auf dem alten Kontinent Laramidia, lag einst das Kernland des T. rex und seiner Beute. Allerdings war es dort in den letzten Millionen Jahren vor dem großen Knall sehr viel feuchter als heute. Das leicht verwitternde Gestein der Hell-Creek-Formation ist während der späten Kreidezeit, dem sogenannten Maastrichtium, aus Sand- und Tonablagerungen von Flüssen entstanden, die sich hier zu Lebzeiten unserer vier Dino-Freunde durch die Landschaft schlängelten. Weiter im Osten mündeten sie in den Western Interior Seaway, die den nordamerikanischen Kontinent durchtrennende Meereszunge. Entlang der Flüsse erstreckten sich ausgedehnte Mischwälder, in Senken und Altarmen bildeten sich Feuchtgebiete und Moore, in denen Krokodile lebten, ein subtropisches Paradies, wie man es heute erst viel weiter südlich antrifft.

Erinnern Sie sich an die von Stephen Baxter eingangs des vierten Kapitels geschilderte Szene? Sie hätte sich hier abspielen können, an einem der Flussläufe. Ein weitgehend friedliches Miteinander. Das ist ein Aspekt mesozoischen Lebens, der üblicherweise zu kurz kommt, weil in den meisten Darstellungen Aktion und Dramatik, nämlich Kampf und Jagd samt blutigen Details und Gebrüll, in den Vordergrund gestellt werden, ein Zerrbild, das mit der Wirklichkeit wenig zu tun hat.

Wenn Sie heute von einem erhöhten Standort aus Ihren Blick über die weite afrikanische Savanne schweifen lassen würden, in der Serengeti oder dem Ngorongoro-Krater, was würden Sie dort zu sehen und zu hören bekommen? Ein Gemetzel, ein Schlachtfest der Räuber, ohrenbetäubendes Gebrüll? Mit Sicherheit nichts dergleichen. Natürlich müssen Raubtiere ab und an töten, um zu überleben, und ihre Jagd wird die Herden von Gnus, Zebras und Antilopen kurzzeitig in Unruhe versetzen, meistens aber würde sich Ihnen ein überwältigendes Bild friedlich grasender Tierherden bieten. Und nichts anderes hätte man wohl auch im Erdmittelalter zu sehen bekommen, außer dass die großen Pflanzenfresser damals von Dinosauriern und nicht von Säugetieren gestellt wurden. Baxter lässt große Raubsaurier zwar am Waldrand patrouillieren, wahrscheinlicher ist jedoch, dass man sie gar nicht zu sehen bekäme. Nicht nur weil große Raubtiere viel weniger zahlreich sind als ihre Beute, sondern weil sie die meiste Zeit des Tages mit Schlafen und Ruhen verbringen. Auch Tristan, Sue, Stan und Trix haben damals vermutlich stundenlang irgendwo herumgelegen, um ihre letzte Mahlzeit zu verdauen. Aus energetischen Überlegungen kann man einen Bedarf von etwa 17 Kilogramm Fleisch pro Tag und T. rex ableiten, eine Menge, die für drei bis vier große männliche Löwen ausreichen würde. Der Dino-König konnte Unmengen an Fleisch verschlingen; um solche Mahlzeiten zu verarbeiten, brauchte sein Organismus aber viel Zeit und Ruhe.

Ein großer männlicher Löwe von 250 Kilogramm Körpergewicht ist in der Lage, bis zu 40 Kilogramm Fleisch auf einmal zu fressen und mit dieser einen Mahlzeit seinen Bedarf für eine ganze Woche zu decken. Der Magen eines T. rex oder des noch etwas größeren Giganotosaurus konnte sogar die zehnfache Menge aufnehmen, ausreichend, um damit zwei bis drei Wochen auszukommen. Legt man einen etwas niedrigeren Energiebedarf zugrunde, könnten diese riesigen Raubtiere, wenn es hart auf hart käme, mit nur fünf überreichlichen Mahlzeiten pro Jahr ausgekommen sein. Das Auftauchen eines T. rex war also für alle potenziellen Beutetiere keineswegs immer mit Lebensgefahr verbunden. Es war sogar im Gegenteil wahrscheinlich, dass der große Räuber nicht hungrig war und keinen Angriff plante.

Knochen, die man in Tyrannosaurier-Koprolithen gefunden hat, zeigen allerdings so geringe Veränderungen, dass eine kürzere Verweildauer im Darm wahrscheinlich ist. Die Tiere fraßen demnach häufiger und mehr als nötig, was, abgesehen von ausgiebigen Verdauungsnickerchen, ein hohes Aktivitätsniveau und vor allem schnelles Wachstum ermöglichte.

Die Diskussion, ob T. rex nun ein Jäger oder doch eher ein schnöder Aasfresser war, erhitzt immer wieder die Gemüter der Fans. In Sues Gehirn, dessen Form man mithilfe von Computertomografien rekonstruieren konnte, sind die für Gerüche zuständigen Regionen stark ausgeprägt. Die Tiere waren also in der Lage, Kadaver zu riechen und zu finden. Ein guter Läufer war T. rex mit ziemlicher Sicherheit nicht, deswegen dürften lange Verfolgungsjagden nicht seine Spezialität gewesen sein. Das heißt aber nicht, dass er nie lebende Beute gerissen hat.

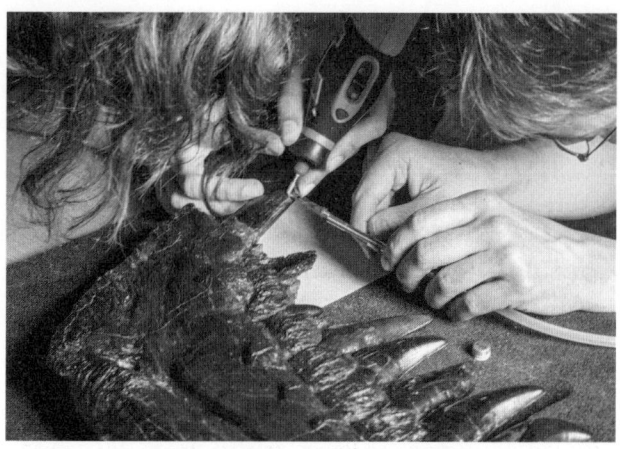

Mithilfe einer kleinen Fräse nehmen Anne Schulp und Renée Janssen vom Naturalis-Museum in Leiden winzige Proben von Tristans Zahnschmelz.

»Was ist Ihre Theorie?«, fragte ich Anne Schulp vom Naturalis-Biodiversitätszentrum in Leiden, welches Trix erforscht. »War T. rex ein Aasfresser oder ein Jäger?«

»Dafür braucht man eigentlich keine Theorien«, antwortete er. »Ein paar Kollegen beschrieben vor einigen Jahren ein Fossil, es war der Schwanzknochen eines Hadrosauriers, in dem sie einen abgebrochenen Zahn eines Tyrannosauriers gefunden hatten. Aber die Knochen rund um den Zahn sind wieder verheilt, das heißt, der Hadrosaurier hat den Angriff mindestens mehrere Wochen überlebt. Dieser Tyrannosaurus hat also versucht, einen lebenden Hadrosaurier anzufallen und aufzufressen, aber es ist ihm nicht gelungen. Daher wissen wir ganz sicher, dass T. rex bestimmt nicht immer ein Aasfresser war.«

Nicht immer? In einem Ökosystem wie der afrikanischen Serengeti hätte er wohl tatsächlich mit Aas als einziger Nahrungsquelle überleben können, das ergibt sich aus energetischen Berechnungen. Aber die Zahnspitze im Hadrosaurierschwanz beweist, dass er zumindest versuchte, sich auch jagend mit Nahrung zu versorgen. Sie steckte in zwei, später als Folge des Bisses verwachsenen Schwanzwirbelknochen des Hadrosauriers und war wegen ihrer Größe und der charakteristischen Zähnung eindeutig als die eines jungen T. rex zu identifizieren. Selbst an Millionen Jahre alten fossilen Zähnen ist diese Säge mitunter noch so scharf, dass man sich daran schneiden kann.

Wegen Tristans Zähnen sind Anne Schulp und seine Kollegin Renée Janssen aus Leiden nach Berlin gekommen. Der aus seiner Vitrine genommene rechte Originalunterkiefer liegt vor ihnen auf einem Tisch. Mit einer kleinen Fräse nehmen sie im Abstand von fünf Millimetern Proben des Zahnschmelzes, um daheim im Labor die Isotopenverhältnisse verschiedener Elemente darin zu bestimmen. Ein Zahn wurde von den Tieren etwa ein Jahr lang benutzt, bevor sein Nachfolger ihn aus dem Kiefer schob. Daniela Schwarz, die zuständige Museumskustodin, und ihre Doktorandin haben diese nachwachsenden Zähne in tomografischen Aufnahmen von Tristans Kiefer erstmals sichtbar gemacht. Im Zahnschmelz, der aus Apatit besteht, ist also ein ganzer Jahresgang gespeichert. Es ist ein sehr hartes, widerstandsfähiges Material, das die Jahrmillionen praktisch unverändert überdauert. Die Isotope finden sich darin im gleichen Verhältnis wieder, wie die Tiere sie aus ihrer Umwelt und mit ihrer Nahrung aufnehmen. Jedes Gebiet hat zum Beispiel ein charakteristisches Verhältnis bestimmter Strontium-Isotope.

Renée Janssen, eine Spezialistin für Isotopen-Geochemie, und Anne Schulp haben eine ähnliche Untersuchung schon an Trix durchgeführt, mit ersten spannenden Resultaten. Die Strontium-Isotopenverhältnisse zeigen nämlich auffällige saisonale Unterschiede, die sich auf zweierlei Weise interpretieren lassen. Entweder ist Trix im Wechsel der Jahreszeiten selbst umhergezogen oder seine Beutetiere taten das. Hadrosaurier und Triceratops könnten im Frühjahr und Herbst saisonale Wanderungen durchgeführt haben, wie man es auch von heutigen Tieren kennt, zu den Brutplätzen oder auf der Suche nach Wasser und Nahrung. Trix dagegen könnte in seinem angestammten Revier geblieben sein, um ihnen dort aufzulauern. Vielleicht war es eine Festzeit für die Räuber, wenn die großen Herden durch das Gebiet zogen, eine Zeit des Überflusses, die ein charakteristisches Isotopensignal in Trix' Zahnschmelz hinterlassen hat. Nun sind die Forscher aus Berlin und Leiden gespannt, ob diese Befunde auch für Tristan gelten, der nur etwa 60 Kilometer entfernt von Trix gefunden wurde.

Der Tyrannosaurus rex war also vermutlich ein Opportunist, wie fast alle Raubtiere. Er nahm, was er kriegen konnte und was leicht und ohne größeres Risiko zu bekommen war, ob lebendig oder schon tot. Auch Löwen sollen sich ja des Öfteren an der Beute anderer Raubtiere gütlich tun, zum Beispiel der von Hyänen, die wiederum sehr viel häufiger selbst jagen, als man lange Zeit glaubte.

Es ist schwer, fundierte Überlegungen über die Jagdstrategien der großen Dinosaurier anzustellen, denn in der heutigen Tierwelt gibt es keine Raubtiere dieses Kalibers mehr, an denen man sich orientieren könnte. Waren es Lauerjäger wie die Krokodile, die sich anschlichen oder geduldig warteten, bis sie aus nächster Nähe zuschlagen konnten? Der Biss in den Schwanz des Hadrosauriers lässt den Schluss zu, dass das Beutetier zu fliehen versuchte. Der T. rex wiederum war bemüht, die Beute zu Fall zu bringen oder ihr mit seinem kräftigen Biss tiefe, stark blutende Wunden zuzufügen, um sie zu schwächen. Vielleicht ließ er sich dann wieder etwas zurückfallen, um nach einer Weile erneut zuzubeißen. Diese Taktik würde den riskanten Nahkampf vermeiden.

Nicht ganz auszuschließen ist auch die Möglichkeit, dass T. rex und andere Theropoden mithilfe eines septischen Bisses Beute machten, so wie es heute bei Komodowaranen zu beobachten ist. Ihr Speichel enthält mindestens drei Bakterienarten, die beim Biss übertragen werden, sich in der Beute vermehren und im Verlauf von wenigen Tagen zu einer Blutvergiftung führen. Die Warane müssen der Beute nur folgen und geduldig warten.

Mögliche Achillesfersen großer Beutetiere und damit Angriffsziele für Tristan oder Trix waren der Bauch sowie der Hals- und der Schwanzansatz mit dem mächtigen Caudofemoralis-Muskel, der für die Bewegung der Hinterbeine und damit für die Fluchtgeschwindigkeit der Beute entscheidend war. Einige gezielte Bisse an dieser Stelle und die Beute wurde über kurz oder lang fluchtunfähig.

Sauropoden verfügten jedoch mit ihren langen Schwänzen, den Klauen am inneren Zeh der Vorderbeine und kräftigen Hinterbeinen über gefährliche Verteidigungswaffen, die diese Achillesfersen schützten und vor denen sich sogar T. rex und Konsorten in Acht nehmen mussten. Jagten die Angreifer deshalb in Rudeln? Für kleinere Raubsaurier wie Deinonychus ist das anzunehmen, aber sogar von dem südamerikanischen Mapusaurus, einem nahen Verwandten des Giganotosaurus, wurden mehrere Individuen verschiedenen Alters an ein und derselben Fundstelle gefunden.

Eine Attacke auf große, wehrhafte Beutetiere ist für jeden Räuber riskant. Sie müssen lernen einzuschätzen, ob ein Angriff Aussicht auf Erfolg hat oder ob das Risiko, dabei selbst zu Schaden zu kommen, zu groß ist. Junge Tiere haben zweifellos Lehrgeld zu zahlen.

Natürlich wissen wir nicht, ob die relativ große Zahl an verheilten Knochenbrüchen, die an Tyrannosaurus-Skeletten zu erkennen sind, ausschließlich Folgen missglückter Jagdversuche sind. Die Tiere können sich auch auf andere Weise verletzt haben, vor allem wenn sie mit Artgenossen aneinandergerieten, wenn sie mit einem Rivalen um Weibchen, um einen Kadaver, ihr Revier oder einen Rangplatz in der Gruppenhierarchie kämpften. Zwischen Artgenossen wird aber wohl hauptsächlich ins Gesicht gebissen. Man kennt dieses Verhalten auch von fossilen und lebenden Kro-

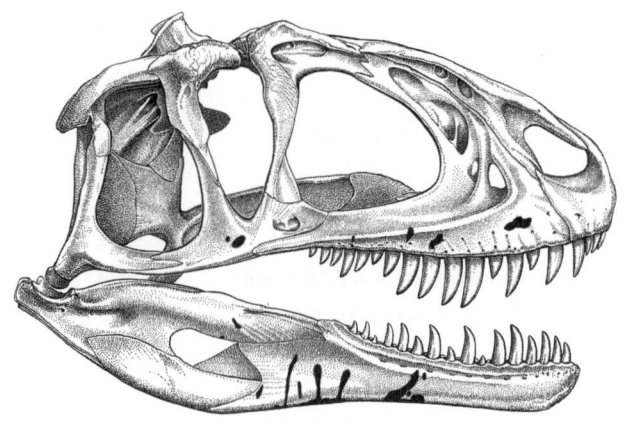

An vielen T.-rex-Knochen findet man Bissspuren, die nur von anderen Tyrannosauriern stammen können. Der König – und nicht nur er – war ein Kannibale. Die hier abgebildeten Knochenwunden (vor allem im Unterkiefer) sind allerdings Kampfspuren. Gerieten zwei Tiere aneinander, bissen sie sich offenbar vor allem ins Gesicht.

kodilen. Auch die riesigen marinen Mosasaurier zeigen sehr oft entsprechende Bissspuren. Neben Kerben und zahngroßen Löchern fanden Forscher in den Kieferknochen von Theropoden auch die Zahnspitze eines Tyrannosaurus-Verwandten.

Waren Kiefer und der Schädel insgesamt vielleicht Schwachstellen der Raubsaurier? »Na ja«, hebt Oliver Hampe an, der sich als Paläopathologe des Berliner Museums für die an Tristans Skelett erkennbaren Krankheiten und Verletzungen interessiert. »Sagen wir mal so: Gerade Schädel und Kopf sind relativ exponierte Bereiche. Damit wird die Nahrung aufgenommen, damit kämpft er. Wir wissen ja, dass T. rex sehr verkümmerte Vorderarme besaß, die er höchstens zum Einhaken hat nutzen können, aber nicht, um damit irgendwelche Aktionen auszuführen.« Zum Beispiel zu töten oder während einer Auseinandersetzung Augen und Schnauze zu schützen. »Die Verletzungsgefahr gerade im Kieferbereich ist natürlich sehr hoch. Demzufolge können dort auch Bakterien, Viren, irgendwelche Mikroorganismen eindringen und zu Erkrankungen und Entzündungen führen.«

Eine Schwellung an Tristans linkem Unterkiefer ist den Forschern sofort aufgefallen und war Gegenstand intensiver Untersuchungen. Eine Entzündung oder ein Tumor? Könnte er gar daran gestorben sein? Viele Krankheiten hinterlassen auch Spuren an den Knochen, und Oliver Hampe und Kollegen der Charité haben schon vor Jahren an einem kleinen Dinosaurier aus Tendaguru eine spannende Entdeckung gemacht. Anhand der charakteristischen Knochenstruktur zweier krankhaft veränderter Wirbel gelang ihnen der Nachweis einer bestimmten Virusinfektion. Es handelte sich um die sogenannte Paget-Krankheit, die auch beim Menschen auftritt und auf Paramyxoviren zurückgeht, zu denen die Erreger der Masern gehören. Schon vor 150 Millionen Jahren hat es also Erreger dieser Gruppe gegeben. Sie riefen an Dinosauriern ein Krankheitsbild hervor, wie man es heute bei Menschen findet.

Auch Tristans Kieferproblemen sind Oliver Hampe und seine Kollegen mittlerweile auf die Spur gekommen. Es war kein Tumor, sondern eine Infektion, aber mehr kann er nicht verraten, denn noch seien die Ergebnisse nicht zu Papier gebracht und veröffentlicht. Es sei »nichts Sensationelles«, aber immerhin das erste Mal, dass man einen derartigen Fall bei einem Raubdinosaurier dokumentieren könne.

Dem angeblichen Trichomonaden-Befall, der auch für Sues Knochenperforationen im Schnauzenbereich verantwortlich gemacht wurde, steht Hampe eher skeptisch gegenüber. Kann sein, muss aber nicht. Die Oberkieferknochen seien ohnehin stark perforiert, durch die ganzen Nerven und Blutgefäße, die dort durchziehen. Die Schnauze der Raubsaurier, das betont auch seine Kollegin Daniela Schwarz, sei sehr empfindlich, obwohl man ihr das wirklich nicht ansieht. T. rex habe, trotz bananengroßer Zähne und einer unvorstellbaren Beißkraft, »ein geschupptes, lippenloses Gesicht mit einer besonders berührungssensitiven Schnauze« gehabt, wie sein naher Verwandter, der Daspletosaurus, der gerade von einer amerikanischen Arbeitsgruppe um Thomas Carr untersucht wurde. Das zeigt die Riesen tatsächlich in einem ganz neuen Licht: Vorsichtig tastende Schnauzenberührungen, schmusende Giganten, zärtliche Dino-Väter und -Mütter, die wie Krokodileltern ihre Nachkommen behutsam im Maul herumtragen – all das erscheint möglich. »Feingefühl und Fresslust«, vermeldete die Berliner Tageszeitung *Der Tagesspiegel* im Bericht über die Untersuchungsergebnisse. Der Tyrannosaurus rex beherrschte offenbar beides, ein sensibler Killer.

In dieses Bild passt auch ein weiterer aktueller Befund. T. rex liebte es offenbar zu spielen – mit Triceratops-Knochen. Ja, Sie haben richtig gelesen. Besonders an Einzelknochen finden sich häufig Zahnspuren, die nicht mit dem bekannten Fressverhalten zu erklären sind. Wer hätte das gedacht? Halbstarke Tyrannosaurier, die wie Hunde mit Inbrunst auf knubbeligen Wirbelknochen herumkauen. Wollten sie sich der Zähne entledigen, die nur noch locker im Kiefer saßen, damit die Nachrücker endlich ihren Platz einnehmen konnten? Oder machte es ihnen einfach nur Spaß? Gönnen wir ihnen ihr Vergnügen. Auch Bestien und Monster haben ein Recht auf Privatleben.

Meist sind die Bisswunden im Kopfbereich wieder verheilt, die betroffenen Tiere haben die Auseinandersetzung also überlebt. Das Gleiche gilt für die vielen verheilten Rippenbrüche, die an fast jedem Exemplar gefunden werden, ob es nun Tristan, Sue oder Stan heißt. Rippenbrüche seien nun wirklich nichts Besonderes, sagt Oliver Hampe. »Jeder zweite Mensch steigt ins Grab und hat irgendwo eine Fraktur an der Rippe.« Sue hat neben ihrem Armbruch und einem lädierten Schulterblatt gleich drei davon. Man kennt sie auch von heute lebenden Tieren »mit aktiver Lebensführung«, sagt die einschlägige Literatur. In der Regel werden sie mit »bösen Stürzen« erklärt, wobei offen bleibt, wie diese Stürze zustande kamen und ob Beutetiere oder rivalisierende Artgenossen an diesem »Missgeschick« beteiligt waren.

Als Zweibeiner konnten T. rex und Co. relativ leicht aus dem Gleichgewicht gebracht werden. Der Schwanz eines großen Sauropoden verfügte über mehr Masse als ein angreifender Allosaurus oder T. rex, und ein Volltreffer könnte die Tiere meterweit zur Seite geschleudert haben. Das allein hätte gereicht, um ihnen ein paar Rippen zu brechen. Vielleicht blieb dem Sauropoden aber auch noch Zeit genug, um sich umzudrehen, auf die Hinterbeine zu gehen und sich mit den Vorderbeinen voran mit seinem ganzen tonnenschweren Körpergewicht auf den noch auf dem Boden liegenden Angreifer fallen zu lassen. Rippenbrüche wären in diesem Fall noch eine relativ harmlose Verletzung gewesen.

Was der arme Stan zu Lebzeiten durchzumachen hatte, war sicher alles andere als harmlos. Von den üblichen degenerativen Veränderungen des Skeletts, Alterserscheinungen wie Verknöcherungen dort, wo eigentlich Knorpel sitzen sollten, von Arthritis, Gicht und den obligatorischen Rippenbrüchen wollen wir gar nicht reden. Davon wurden mehr oder weniger alle geplagt. Aber Stan hatte sich den Hals gebrochen – und überlebt. Während des Heilungsprozesses verschmolzen zwei Wirbelknochen und wurden durch Wachstum von neuem Knochengewebe unbeweglich. Stan lief also fortan mit einem steifen Hals durch sein Dinosaurierleben sowie mit einer Narbe an einer von mehreren gebrochenen Rippen, die genau das Format eines T.-rex-Zahns hatte, und mit verheilten Wangenverletzungen. Ist Stan ein Draufgänger gewesen? Oder hatte er einfach nur das Pech, ein ums andere Mal mit einem übel gelaunten Kontrahenten aneinanderzugeraten?

In jedem Fall muss er stark und gesund gewesen sein, um all das zu überstehen, denn das Schlimmste habe ich Ihnen noch vorenthalten: ein Loch im Hinterkopf, drei Zentimeter im Durchmesser, genau die Größe eines Tyrannosaurus-Zahns. Angrenzend an dieses Loch wurde Stan ein ganzes Stück des Schädeldaches weggerissen, ein 6 mal 15 Zentimeter messendes Knochenstück. Und er überlebte auch diese schwere Verletzung. Eine neue, dünne Knochenschicht schob sich über das Loch und bedeckte die Wunde.

Alles in allem muss man aus diesen Krankengeschichten wohl schlussfolgern, dass das Leben im ausgehenden Erdmittelalter schon vor dem großen Knall kein Zuckerschlecken war, auch nicht für einen Tyrannenkönig.

Wen es dann doch auf die eine oder andere Weise erwischt hatte, der landete nicht selten im Magen eines Artgenossen. Wie gesagt: Viele Raubtiere sind kannibalistisch, von Bären über Hyänen und Raubkatzen bis hin zu Alligatoren, oft, aber nicht nur in Krisenzeiten. In den meisten bezeugten Fällen handelt es sich bei den verzehrten Artgenossen tatsächlich um die Opfer von Angriffen und nicht um die Verwertung von Aas. Gerade bei amerikanischen Alligatoren ist Kannibalismus für mehr als die Hälfte der Fälle von Nachwuchssterblichkeit verantwortlich. Tyrannosaurier befinden sich diesbezüglich also in bester Gesellschaft. An erstaunlich vielen T.-rex-Knochen wurden Bissspuren gefunden, die aufgrund ihrer Größe und Form nur von anderen Tyrannosauriern stammen können. Die Forscher kommen daher zu dem Schluss, dass »dieses Verhalten unter großen fleischfressenden Dinosauriern wahrscheinlich weit verbreitet war«.

Der Tyrannosaurus rex wird meist als eine Art Unikum wahrgenommen, ein Tier, das aus der Masse herausstach und mit keinem anderen zu vergleichen war. Das ist in mehrfacher Hinsicht falsch. Wir haben schon gehört, dass in anderen Weltgegenden durchaus ebenbürtige Raubsaurier lebten, die es aber nie zu vergleichbarer Popularität gebracht haben. Und natürlich hatte auch T. rex, stammesgeschichtlich gesehen, eine Familie. Ein paar große Verwandte, die etwas früher lebten, sind schon länger bekannt: Gorgosaurus, Albertosaurus, Daspletosaurus und der asiatische Tarbosaurus. Bei der Suche nach den Ursprüngen der Tyrannosaurier halfen sie aber nicht weiter.

Doch im Verlauf der letzten 15 Jahre sind nicht weniger als 20 neue Tyrannosaurierarten entdeckt worden. Der Nebel, in den die Abstammung des T. rex gehüllt war, beginnt sich langsam zu lichten. Einige dieser Tiere sahen anders aus als erwartet, und sie tauchten in Weltgegenden auf, in denen niemand damit gerechnet hatte, in China und der mongolischen Wüste oder in Nordalaska. Im Dauerfrostboden Sibiriens fanden russische Wissenschaftler das bislang älteste Mitglied der Tyrannosaurierfamilie. Das Tier mit Namen »Kileskus« lebte im mittleren Jura, vor etwa 170 Millionen Jahren. Dass die Wurzeln der T.-rex-Verwandtschaft so weit zurückreichen, erklärt, warum diese Tiere auf der Nordhalbkugel derart weit verbreitet waren. Die ersten Tyrannosaurier entstanden zu einer Zeit, als das Auseinanderbrechen von Pangaea noch nicht abgeschlossen war. Die Kontinente lagen dicht beieinander oder waren durch Landbrücken miteinander verbunden.

Diese frühen Vertreter hatten auf den ersten Blick wenig mit dem König der Echsen gemein. Es waren relativ kleine Tiere, nicht größer als ein Mensch, und obwohl sie sich vor allem in China in weitere Entwicklungslinien aufspalteten, blieben sie klein, für mindestens weitere 100 Millionen Jahre. Die Nische der großen Räuber war von anderen Dinosauriern besetzt, von Allo- und Ceratosauriern. Bis diese in der sich verändernden Umwelt der Kreidezeit ausstarben und die Tyrannosaurier in die entstandene Lücke stießen. Was genau diesen Umbruch verursachte, ist nicht klar, zumal Dinosaurierfossilien aus der Zeit vor etwa 110 bis 85 Millionen Jahren extrem selten sind. Vielleicht, darauf deuten Untersuchungen über die damalige Meeresfauna hin, gab es vor 94 Millionen Jahren ein weiteres Massenaussterben, dem auch die bis dahin herrschenden großen Raubdinosaurier zum Opfer fielen. Erst danach, während der letzten 20 Millionen Jahre des Erdmittelalters, der Endphase ihres Daseins auf der Erde, gingen aus einer Gruppe eher unauffälliger Dinosaurier jene gewaltigen Raubtiere hervor, die wir unter dem Namen »Tyrannosaurier« kennen. Bis zum finalen Zusammenbruch koexistierten sie, die Riesen und ihre kleinere Verwandtschaft.

Auch im Osten Chinas lebten vor 125 Millionen Jahren gleichzeitig zwei sehr unterschiedliche Tyrannosaurier, der nur 50 Zentimeter hohe Dilong, ein kleiner, flinker Läufer, sowie ein früher Gigant von acht, neun Metern Körperlänge, genannt »Yutyrannus«. Sie jagten sicher nicht dieselben Beutetiere, folgten ganz unterschiedlichen Strategien, sodass sie sich kaum in die Quere kamen. Beide waren aber Zeitgenossen, beide teilten sich den gleichen Lebensraum und beide sahen ganz anders aus, als man sich Tyrannosaurier gemeinhin vorstellt, denn sie waren keine nackten, geschuppten Echsen. Ihre Körper, das ist auf den ausgezeichnet erhaltenen Fossilien eindeutig zu erkennen, waren von einem dichten, zentimeterlangen Flaum bedeckt. Schon 60 Millionen Jahre vor dem erdgeschichtlichen Auftritt des großen Tyrannosaurus rex schmückte sich seine asiatische Verwandtschaft mit Federn.

8 China – Verwirrende Federn

Auch in der überhitzten Treibhauswelt der Kreidezeit gab es kühlere Gegenden, nicht nur in der Nähe der Pole oder den hohen Lagen der Gebirge. Klimatisch bemerkenswert war zum Beispiel der Nordosten Chinas, die heutige Mandschurei, wo Ergebnisse von Sauerstoff-Isotopen-Untersuchungen an einigen Fossilien aus der frühen Kreidezeit auf erstaunlich raue Verhältnisse schließen lassen. Paläontologische Befunde stützen diese Daten. So fehlen in der Fossilüberlieferung wärmebedürftige Tiere wie Krokodile. Und die holzigen Pflanzen, die damals dort wuchsen, mochten es eher frisch. Die Durchschnittstemperaturen lagen bei nur zehn Grad Celsius.

Man könnte diese Verhältnisse als unerhebliche lokale Klimakapriole auf einem ansonsten schweißtreibend heißen Planeten abtun, wenn nicht genau diese chinesische Provinz seit Mitte der 1990er-Jahre für ihre sensationellen kreidezeitlichen Fossilien bekannt geworden wäre. Es sind Fundstücke, die unsere Vorstellungen von der Welt des Erdmittelalters und ihren Bewohnern vollkommen veränderten. Die mesozoische Tierwelt, die hier in Liaoning, einem Zentrum der chinesischen Schwerindustrie, zutage kommt, wird »Jehol Biota« genannt. Benannt wurde sie nach dem alten Namen der Großstadt Chengde, in der sich die Sommerresidenz der Kaiser der Qing-Dynastie befand. Es sind Fossilien, die weltweit nirgendwo ihresgleichen finden.

Hat die Paläontologie seit ihrer Anfangszeit je etwas Vergleichbares erlebt, eine derart tief greifende Erschütterung? Gefiederte Dinosaurier ... Nicht wenige, die sich gerade noch in einem der

Jurassic-Park-Filme gegruselt hatten, dürften an einen Aprilscherz geglaubt haben.

Fachleute wie Bob Bakker hatten es zwar kommen sehen, dennoch war es ein kapitales Erdbeben, das die Gemäuer der westlichen naturgeschichtlichen Museen und Forschungsinstitute ordentlich durchrüttelte, auch wenn sein Epizentrum weit abseits dieser Zentren der Wissenschaft lag. Paläontologie hatte in China durchaus Tradition, nur war sie vom Rest der Welt bisher weitgehend ignoriert worden. Mit den Jehol-Fossilien aus Liaoning änderte sich das nun. Denn die Botschaft, die von ihnen ausging, war unmissverständlich und konnte unmöglich überhört werden: Zwei der bekanntesten und beliebtesten Tiergruppen der Erde, Vögel und Dinosaurier, von denen wir eigentlich dachten, wir hätten sie verstanden, erschienen schon wieder in einem neuen Licht. »Das war, worauf viele von uns gewartet hatten«, erinnert sich der New Yorker Paläontologe Mark Norell, »der rauchende Colt in Gestalt eines gefiederten fleischfressenden Dinosauriers und ein harter Beweis für die kontroverse Idee, dass Dinosaurier ganz anders waren, als wir gedacht haben.«

Wieder müssen wir uns von einem gerade erst lieb gewonnenen Dino-Bild verabschieden, und diesmal dauerte es keine 70, 80 Jahre, bis die geltenden Vorstellungen vom wissenschaftlichen Fortschritt überholt wurden. Die neue Sicht insbesondere auf fleischfressende Dinosaurier ist allerdings so radikal anders und ungewohnt, dass viele Menschen nicht oder noch nicht gewillt sind, sie sich zu eigen zu machen.

Sicher, paläontologisch Interessierte hatten sich mit dem Gedanken, dass die Vögel Überlebende des alten Sauriergeschlechts sind, schon vertraut gemacht. Die Idee stammt ja aus dem 19. Jahrhundert, und John Ostrom, Robert Bakker und andere hatten sie in den 1960er- und 1970er-Jahren wiederbelebt und überzeugend untermauert. Wie dieser Übergang von der Echse zum Vogel genau vonstattengegangen war, war aber nach wie vor unklar, und über die unterschiedlichen Thesen wurde in Fachkreisen gestritten. Man wusste wenig, denn bis in die 1990er-Jahre hatte man nur eine Handvoll Fossilien aus der Frühzeit der Vögel entdeckt.

Da gab es vor allem den berühmten Urvogel Archaeopteryx – er repräsentierte das Missing Link schlechthin, war aber fast allein auf weiter Flur. Das taubengroße Tier hatte zwar noch Zähne im Schnabel, Klauen an seinen drei Fingern und einen langen Echsenschwanz, war also insgesamt mehr Dinosaurier als Vogel, trug aber schon perfekt geformte Federn, die nicht von denen moderner Vögel zu unterscheiden waren.

Darüber hinaus war die Datenlage miserabel. Aus dem gesamten Erdmittelalter, einem Zeitraum von fast 200 Millionen Jahren, kannten die Forscher nur zwanzig Vogelfossilien. Jetzt, dank der Funde aus Liaoning, sind es Hunderte, wenn nicht gar Tausende. »Wie die Dinge sich verändert haben«, staunte Mark Norell 2011 in *Science*. »Jetzt bräuchte man ein Warenhaus, um all die gefiederten mesozoischen Vögel und Nicht-Vogel-Dinosaurier unterzubringen, die man in globalen Ablagerungen gesammelt hat.«

Es war ein Weckruf für Paläontologen in aller Welt und eine Aufforderung an die Paläokünstler, sich wieder an die Arbeit zu machen und unsere Vorstellungswelt an die neuen Erkenntnisse anzupassen. Die außerordentlich spekulative und provozierende Deinonychus-Darstellung von Luis Rey (siehe farbige Abbildung im Vorsatz hinten) zeigt beispielhaft, was in den nächsten Jahren auf die Öffentlichkeit zukam: verwirrende Mischwesen. Die alten Kategorisierungen stimmen nicht mehr. Was soll das sein? Echse oder Vogel?

Nicht ihre Größe macht die Jehol Biota so außergewöhnlich. Ihre Bedeutung wird nicht in Metern und Tonnen gemessen, sondern liegt in den feinen und feinsten Strukturen, die die über Jahrmillionen im Stein bewahrten Tiere wie eine Aura umgeben.

Immer wieder hatten die Ausbrüche großer Vulkane dafür gesorgt, dass alles, was hier vor mehr als 100 Millionen Jahren kreuchte und fleuchte, von feinkörniger vulkanischer Asche bedeckt wurde. Meist ging das so schnell, dass Mark Norell, der an der wissenschaftlichen Beschreibung vieler dieser Fossilien beteiligt war, vom »Pompeji-Modell« spricht. Wie die bedauernswerten Opfer der Katastrophe in Italien wirken die Tiere in Liaoning mitunter wie »eingefroren in der Zeit«.

Es traf jeden, der hier lebte, und vieles, was die Paläontologen heute aus dem Jehol-Gestein präparieren, ist uns vertraut: Libellen, Zikaden, Schaben, Käfer, Wasserläufer, Webspinnen, verschiedene Krebse, viele Fische, Salamander, Frösche und Eidechsen, aber auch große Pterosaurier, die damals den Luftraum beherrschten, kleine Säugetiere und ursprüngliche Vögel, von kleinen sperlingsgroßen Exemplaren bis hin zu kräftigen Fliegern vom Format einer Möwe – ein ganzes komplexes Ökosystem und seine Protagonisten. Allein von Confuciusornis, dem damals sehr häufigen, frühen, bereits schwanz- und zahnlosen Vogel, wurden Tausende von Exemplaren gefunden, sodass sogar Populationsstudien möglich werden.

Die bezüglich ihrer Größe und Häufigkeit dominierenden Landtiere aber waren Dinosaurier – wir befinden uns schließlich in der frühen Kreidezeit. Die meisten Dinos, die damals hier lebten, gehörten nicht zu den Giganten, obwohl in der Nähe mittlerweile auch große Dinosaurier, darunter Sauropoden, gefunden wurden. Für die Jehol-Fauna sind eher kleine und mittelgroße Tiere typisch, in ungewohnter Anzahl und Vielfalt, Dinos, wie man sie noch nie zuvor gesehen hatte. Denn in ihrem Vulkanaschegrab blieben sie so gut erhalten, dass die Forscher nicht nur Knochen, sondern in vielen Fällen auch Weichteile und Körperanhänge erkennen können. Und dabei handelte es sich nicht nur um Schuppen. Es kann nicht der geringste Zweifel bestehen: Vor 135 bis 110 Millionen Jahren – das genaue Alter dieser Fossilien zu bestimmen ist schwierig – haben in Liaoning gefiederte Dinosaurier gelebt. Erstaunlicherweise waren einige davon wesentlich ursprünglicher als der vermeintliche »Urvogel« Archaeopteryx, der etwa 20 Millionen Jahre älter war. Andere wiederum waren in ihrer Entwicklung hin zum Vogel schon deutlich weiter gekommen, eine verwirrende Vielfalt.

Fotos des ersten Fossils dieser Art präsentierte Professor Chen Pei-Ji vom Nanjing Institute of Geology and Palaeontology in den Gängen des New Yorker Naturkundemuseums, wo im Oktober 1996 gerade das 56. Meeting der Gesellschaft für Wirbeltierpaläontologie stattfand. Im Vorfeld hatte es Gerüchte über eine Pressekonferenz in Peking gegeben, auf der das Fossil bereits gezeigt worden sein soll. Ji's Kollegen standen Schlange, um die Fotos zu sehen. Man kann sich vorstellen, dass die Vorträge, die danach noch auf dem Programm standen, schlagartig an Attraktivität verloren.

Schon einige Wochen vorher hatte der kanadische Paläontologe Philip J. »Phil« Currie von der University of Alberta als erster westlicher Wissenschaftler die Gelegenheit bekommen, sich das Fossil anzusehen. Currie war zufällig gerade in China, als er von dem Fund hörte. Er bemühte sich darum, ihn sehen zu dürfen, und versuchte, seine aufkommende Euphorie zu bremsen, um nicht enttäuscht zu werden, war aber gleichzeitig voller Skepsis. Dann, auf besagter Pressekonferenz, die man ohne sein Wissen einberufen hatte, legte man Currie ein fantastisches Jehol-Fossil nach dem anderen vor, Insekten, Eidechsen, Säugetiere, und seine Skepsis wuchs. Offenbar hatten die Chinesen nicht vor, ihm das Fossil zu zeigen. »Als ich mich gerade in dem Gefühl eingelullt hatte, dass ich es nicht sehen würde, bringen sie eine Box heraus«, erzählte Currie, »sie öffnen sie … und da ist es. Ich meine, es kam unangekündigt. Es war einfach da vor mir; sie öffneten die Box, und innerhalb von Millisekunden glaubte ich an gefiederte Dinosaurier.«

Auf den Namen »Sinosauropteryx prima« wurde das Tier getauft, »erste chinesische federtragende Echse«. Li Yinfang, ein

Bauer aus dem Dorf Sihetun, der heute als Guide im dortigen Dinosaurier-Museum arbeitet, hatte den Stein gefunden, ihn gespalten und die beiden Hälften an zwei verschiedene wissenschaftliche Einrichtungen in China verkauft, für einen heute lächerlich geringen Preis. Er ist jetzt ein angesehener Mann, eine lokale Berühmtheit, dessen weißes Haus gleich am Dorfeingang steht.

Sinosauropteryx, ein schlanker, agiler Theropode, erreichte eine Körperlänge von 125 Zentimetern. Aber nicht nur sein extrem langer Schwanz unterschied dieses Tier von allen anderen Raubsauriern, die man bisher kannte. Deutlich waren die dunklen Federfilamente zu erkennen, die wie eine Bürste sein gesamtes Rückgrat hinabliefen. Eine genauere Untersuchung zeigte, dass das ganze Tier mit diesem Flaum bedeckt war. Es waren die gleichen feinen Filamente, die Jahre später auch bei den Tyrannosauriern Dilong und Yutyrannus gefunden wurden und die den in Bernstein eingeschlossenen Schwanz jenes Minidinos bedecken, der 2016 für Aufregung sorgte.

»Protofedern« nennen die Wissenschaftler diese feinen, unverzweigten Filamente, die nicht viel mehr als hohle Keratin-Röhrchen waren und mit der Vogelfeder, die unsere heutigen Dinos am Leib tragen, nur entfernt zu tun haben. Es dauerte aber nicht lange, bis in Liaoning auch die ersten Dinosaurier mit nahezu modern anmutenden Konturfedern auftauchten, bestehend aus einem Kiel, dem Scapus, sowie einer inneren und äußeren Federfahne. Echte Konturfedern sind allerdings unsymmetrisch, mit einer breiten inneren und einer schmaleren äußeren Fahne, eine Eigenschaft, die für die Stabilität von Flugfedern entscheidend ist. Bei den ersten Jehol-Dinos, die man fand, waren die Federfahnen noch symmetrisch.

Was macht einen Vogel aus? Anders als am Anfang des Buches, als wir die gleiche Frage für Dinosaurier stellten, ist die Antwort leicht und dürfte jedem Menschen schnell in den Sinn kommen.

Jianianhualong tengi aus Liaoning, ein 120 Millionen Jahre alter, voll gefie-
derter Dinosaurier, der bereits asymmetrische Schwanzfedern besaß. Wer
zweifelt daran, dass wir ein lebendes Exemplar zu den Vögeln gezählt hätten, obwohl es zahlreiche Zähne besaß?

Es handelt sich eben um rezente Tiere, um Organismen, die heute
noch leben und die wir jeden Tag vor Augen haben, und um diese
zu charakterisieren, können wir uns, anders als die bedauernswerten Paläontologen, auf mehr als nur das Skelett beziehen. Man
muss kein Biologe sein, um zu wissen, dass Vögel Federn besitzen
und die meisten von ihnen dank dieser Federn und einiger anderer Eigenschaften in der Lage sind zu fliegen.

Tatsächlich gibt es heute kein Tier, das Federn trägt und nicht
eindeutig zu den Vögeln gehört. Umgekehrt existiert auch kein Vogel, von extremen Züchtungen durch den Menschen abgesehen, der
keine Federn besitzt. Einfacher geht es nicht – sollte man meinen.

Weil uns diese eindeutige Zuordnung von Federn zu Vögeln
in Fleisch und Blut übergegangen ist, sind die beiden zentralen

Botschaften der Jehol-Dinosaurierfossilien zunächst schwer zu akzeptieren. Die erste besagt nämlich, dass der Besitz von Federn kein Charakteristikum der Vögel ist, sondern dass sie dieses Merkmal, neben vielen anderen, von ihren Vorfahren übernommen haben. Es gab also sehr wohl Tiere, die eindeutig keine Vögel waren und trotzdem Federn besaßen, nur sind sie allesamt ausgestorben. Federn sind wesentlich älter als die Vögel, und getragen wurden sie von Dinosauriern.

Würden wir alle Tiere, die Federn tragen und trugen, als »Vögel« bezeichnen, müssten wir nach den Entdeckungen in Liaoning und andernorts auch einige Gestalten hinzuzählen, die sich innerhalb der Vogelverwandtschaft sehr merkwürdig ausnähmen: Tiere, die weit davon entfernt waren, fliegen zu können, Tiere mit vielen und großen Zähnen, mit Klauen an Händen und Füßen und langen, steifen, knochigen Schwänzen. Vermutlich, weil unsere Fixierung auf das Federmerkmal so ausgeprägt ist, würden wir tatsächlich alle diese Wesen, könnten wir sie sehen und erleben, mit in die große Vogelfamilie aufnehmen. Wir würden den Kreis derer, die wir dazuzählen, erheblich erweitern und die Entstehung dieser Gruppe, nennen wir sie »Vögel und Vogelähnliche«, weit in die Vergangenheit zurückverlegen.

Wir tappen in diese Falle, weil wir die Vögel typologisch definiert haben, also aufgrund eines bestimmten scheinbar exklusiven Merkmals, das allen gemeinsam ist. In der modernen Biologie definieren aber nicht gemeinsame Merkmale und Fähigkeiten eine Tiergruppe, sondern ihre gemeinsame Abstammung. Diese geht mit bestimmten körperlichen Attributen einher, über die nur sie verfügen, und natürlich gibt es die auch bei den Vögeln. Federn allerdings, ausgerechnet das Merkmal, das uns förmlich ins Auge springt, gehören nicht dazu.

Auch die zweite Lektion, die wir aus den chinesischen Fossilien zu lernen haben, ist ein starkes Stück. Wenn so viele Tierarten Federn trugen – nicht nur Proto-, sondern auch Konturfedern, am

Körper, an Händen, Armen und Schwanz, manche sogar zusätzlich noch an den Beinen, sodass sie wie Schmetterlinge oder Libellen scheinbar vierflüglich wurden –, Tiere, die trotz dieser Ausstattung bestenfalls gleiten konnten und eindeutig nicht in der Lage waren zu fliegen, dann kann die Entstehung der Federn nichts mit dieser Fähigkeit zu tun gehabt haben.

Nur, wenn sie nicht zum Fliegen taugten, wozu dann? Der bekannte deutsche Biologe und Buchautor Josef Reichholf hat schon vor vielen Jahren die These aufgestellt, dass die Tiere in Form des Keratins, des Hauptbestandteils der Feder, eine Möglichkeit entdeckt hätten, sich bestimmter giftiger Stoffwechselendprodukte zu entledigen. Das Ganze wäre dann primär eine Art profaner Entsorgungsvorgang gewesen, ein Weg, um schwefelhaltige Abfallstoffe aus dem Körper zu schleusen. Erst in einem zweiten Schritt habe sich dann herausgestellt, so Reichholf, dass diese auf der Körperoberfläche angelegte Deponie über ausgesprochen nützliche Eigenschaften verfüge, an denen sich Evolution und Selektion im Weiteren hätten abarbeiten können. Eine interessante Theorie, die sich wohl nie beweisen lassen wird.

An dieser Stelle, Sie haben es sich vielleicht schon gedacht, kommt nun aber das raue kreidezeitliche Klima ins Spiel, das uns den Einstieg in dieses Kapitel lieferte. Denn auch wenn Proto- und erste Konturfedern noch nicht ausreichten, um sich in die Lüfte zu erheben oder auch nur zu gleiten, eines konnte diese Körperbedeckung auf jeden Fall: Sie konnte kleine, aktive Echsenkörper warm und auf Betriebstemperatur halten. Wie leistungsfähig ein – zugegeben spezialisiertes – Federkleid in dieser Hinsicht sein kann, zeigen eindrucksvoll die großen Pinguinkolonien, in denen die Vögel dicht an dicht antarktischen Schneestürmen trotzen. Wärmeisolation ist daher das, was von allen Experten an erster Stelle genannt wird, wenn es um die mögliche Funktion der ersten Dino-Federn geht. Im kalten kreidezeitlichen Liaoning waren Federn zweifellos eine nützliche Erfindung.

Es gibt aber noch andere Möglichkeiten. Federn, zumal wenn sie farbig und in extravaganter Formgebung daherkommen, dienen vielen Vögeln als Signalgeber. Sie zeigen potenziellen Partnern und Rivalen die eigene Fitness an und sind daher auch Objekt einer sehr starken sexuellen Selektion, oft im Zusammenhang mit bestimmten Bewegungsabläufen oder Tänzen. Sie können den eigenen Körper oder Kopf optisch erheblich vergrößern und wären daher auch ein ideales Mittel, um Drohgebärden mehr Nachdruck zu verleihen. Es gehört wenig Fantasie dazu, sich auszumalen, dass gefiederte Dinosaurier diese Möglichkeiten nutzten. Zum Beispiel Epidexipteryx. Das nur taubengroße Tierchen aus der Inneren Mongolei besaß neben einer Körperbedeckung aus feinem Federflaum vier lange, bandförmige Schwanzfedern, die zweifellos eine Schaufunktion besaßen. Es ist erstaunlich, dass ein Dinosaurier im mittleren Jura, also vor mehr als 150 Millionen Jahren, bereits über derart hoch spezialisierte Schmuckfedern verfügte.

Ein weiteres außergewöhnliches Tier mit einer skurrilen Entdeckungsgeschichte illustriert einen dritten Erklärungsansatz und gibt uns gleichzeitig Gelegenheit, Xing Xu vorzustellen, den 1969 geborenen Shootingstar unter den Paläontologen. Xu, der schon als Chinas Antwort auf Indiana Jones bezeichnet wurde, war an der Beschreibung von über 60 neuen Dinosaurierarten beteiligt, mehr als jeder andere Mensch. Und an diesem besonderen Tag im April 2005 befand er sich mit einem japanischen Fernsehteam in der Inneren Mongolei, um Aufnahmen von der Fundstelle eines Sauropoden zu machen, den er dort entdeckt hatte.

Er suchte sich ein großes Fragment eines Oberschenkelknochens, um den Fernsehleuten »die Kunst des Fossiliensammelns zu demonstrieren«, und war dabei, den Dreck von dem Fossil abzubürsten, als er vor laufender Kamera erst stutzig und dann immer aufgeregter wurde. Er hatte bemerkt, dass der Knochen, den er wahllos herausgegriffen hatte, gar nicht von einem Sauropoden, sondern von einem unbekannten Zweibeiner stammte, von einem außergewöhnlich großen Theropoden. »Ich sagte ihnen, sie sollten aufhören zu filmen«, erzählte Xu später. »Das ist nicht für euer Programm.« Er und sein Mitarbeiter Lin Tan begannen zu graben und fanden bald weitere Knochen. Xu war tatsächlich auf ein sensationelles Tier gestoßen, einen papageienschnäbligen Oviraptorosaurier, der zu seinen Lebzeiten fast vierzigmal schwerer war als alle bisher bekannten Arten dieser Gruppe.

Der Gigantoraptor, ein acht Meter langes Ungetüm, war so groß, dass er einem T. rex hätte in die Augen schauen können (siehe farbige Abbildung im Vorsatz vorne). Ob er Federn besaß, ist nicht bekannt, da aber alle anderen Arten dieser Gruppe gefiedert waren, wird dies auch für den Gigantoraptor angenommen. Wegen seiner Größe brauchte er kein isolierendes Federkleid am Leib, wahrscheinlich besaß er aber die langen Federn an den Armen, die auch seine Verwandten auszeichneten. Er musste in einer sehr heißen und trockenen Umwelt überleben, und die langen Armfedern könnten nicht nur bei der Balz zum Einsatz gekommen sein. Sie dienten wahrscheinlich auch der Kühlung der Eier. Stundenlang, so vermuten die Forscher, standen diese Tiere über ihren Gelegen, um Eiern oder frisch geschlüpften Jungtieren in brütender Hitze mit ausgebreiteten Armen Schatten zu spenden und Luft zuzufächeln.

Tief verborgen im Gefieder einiger Jehol-Fossilien fanden die Forscher auch Antworten auf eine Frage, die die Menschen schon seit Gideon Mantells Zeiten beschäftigte. Trugen Dinosaurier Tarnfarben oder waren sie papageienhaft bunt? Wie sahen sie aus?

Solange man sie sich noch als träge Reptilien im Schuppenkleid vorstellte, gaben Paläokünstler wie Charles Knight ihren Dino-Kreationen ein grünes, braunes und schwarzes Äußeres, die Farben, die uns die heute lebenden Reptilien zeigen, obwohl es unter denen auch extravagantere Vorbilder gegeben hätte. Später, in der Folge der Dino-Renaissance, überraschten manche Künstler plötzlich mit grelleren Farben und auffälligen Mustern. Beweise gab es weder für das eine noch für das andere, und eigentlich hatte man auch keine Hoffnung, jemals welche zu finden.

»In den 1990er-Jahren«, schreibt der australische Wissenschaftsjournalist John Pickrell in seinem Buch *Flying Dinosaurs*, »hätte dir jedes Buch, jeder Lehrer und jeder Wissenschaftler gesagt, dass wir nie in der Lage sein werden, irgendetwas über die Farbe ausgestorbener Tiere wie Dinosaurier auszusagen.«

Dabei hätte man nur genau nachschauen müssen. Natürlich musste zuerst ein geeignetes Fossil gefunden werden: Sinosauropteryx, der erste der gefiederten Dinos aus Liaoning. Dann mussten alle Bedenken und Zweifel über Bord geworfen werden, sodass man unvoreingenommen an die Arbeit gehen konnte. Und es brauchte eine Idee. Die hatten Mike Benton an der britischen Universität Bristol und sein damaliger Student Jacob Vinther, heute ein Molekular-Paläobiologe an der Universität Bristol. Sie beschäftigten sich mit Melanin, dem Pigment, dem Haare und Haut nicht nur beim Menschen ihre Tönung und Farbe verdanken. Varianten dieses Stoffes sind bei zahllosen Lebewesen für rote, braune und schwarze Farbgebung zuständig.

Melanin entpuppte sich als eine sehr widerstandsfähige chemische Substanz, so widerstandsfähig, dass sie mehrere Zehnmillionen Jahre überdauern kann. Sie liegt in den Zellen nicht nackt, sondern quasi verpackt in charakteristisch geformten Zellbestandteilen vor, die man »Melanosomen« nennt. Nur einige Hundert Nanometer groß, sind sie aber im Elektronenmikroskop gut zu erkennen, und das nicht nur in Federn lebender Tiere, sondern auch in Fossilien. Da Melanosomen je nach ihrer Farbe unterschiedliche Formen besitzen, musste man sie in den Fossilüberlieferungen nur aufspüren und konnte dann aus ihrer Form und Dichte auf die Farbe schließen.

Für Sinosauropteryx ergab das zum Beispiel einen rot-weiß geringelten Schwanz, eine Augenmaske aus dunkleren Federn, ähnlich der des Waschbären, und eine rötlich braune Körperbefiederung mit ausgeprägter Gegenschattierung, das heißt, der Bauch war deutlich heller gezeichnet als der Rücken, ein Tarnkleid, das auch viele heute lebende Tiere zeigen. Der britischen *Daily Mail* missfiel diese Farbgebung: »*Oh no*«, jammerte die Zeitung am 29. Januar 2010, »zum ersten Mal entschlüsseln Wissenschaftler die Farbe eines Dinosauriers und es war ... ein Rotschopf.«

Es ist nicht bekannt, ob der *Daily Mail* die Farben der anderen dahingehend untersuchten Saurier besser gefallen haben. Confuciusornis trug zum Beispiel ein Federkleid aus schwarzen, weißen und braun-orangen Tönen. Archaeopteryx scheint schlicht schwarz gewesen zu sein, dafür zeigte sich Anchiornis aber sehr markant gefärbt, schwarz mit weiß abgesetzten Federspitzen und einer rostroten Krone auf dem Kopf. Der an Armen und Beinen gefiederte Microraptor ähnelte dagegen mit seinem blauschwarz glänzenden Gefieder eher einer Krähe.

All das, davon ist Jacob Vinther überzeugt, ist erst der Anfang, man darf aber wohl schon jetzt vermuten, dass die Federmode des Erdmittelalters ähnlich bunt und divers ausfiel wie die heutige, wobei, falls der Vergleich mit der Mode der Menschen erlaubt ist, in China wahrscheinlich andere Tönungen und Muster getragen wurden als beispielsweise in Amerika. Vinther weist darauf hin, dass in Fossilien auch schon andere Pigmente nachgewiesen wurden, »zum Beispiel Carotinoide für leuchtende Rot- und Gelbtöne, oder Porphyrine für unter anderem Grün, Rot und Blau«. Letzteren verdanken die blauen Eier eines 66 Millionen Jahre alten Oviraptorosauriers ihre ungewöhnliche Färbung. Alle Farbrätsel werden die Forscher sicher nicht lesen können. Trotzdem – Vinther ist überzeugt: »Die alte Tierwelt bekommt nun Farbe.«

Gefiederte Dinosaurier gab es nicht nur in China, aber wie weit verbreitet waren Federn wirklich? Bisher gibt es direkte und indirekte Nachweise für fast 50 gefiederte Dino-Arten, aus China,

Anchiornis lebte vor etwa 160 Millionen Jahren und ist damit älter als Ar-chaeopteryx. Seine Gefiederfärbung konnte mithilfe der Melanosomen rekonstruiert werden: grau-schwarz-weiß mit roter Federkrone. Das Tier trug an beiden Extremitätenpaaren Federn.

Russland, Kanada und Deutschland, wo 2012 der Fund eines be-merkenswert gut erhaltenen gefiederten jungen Verwandten von Bucklands Megalosaurus bekannt gegeben wurde. Innerhalb der Theropoden gehörten Federn sozusagen zur Grundausstattung, zumindest in bestimmten Lebensphasen. Hinweise auf ein wie auch immer geartetes Federkleid beim erwachsenen T. rex – diese Frage brennt uns natürlich auf den Nägeln – gibt es bislang keine. Was nicht heißt, dass er wirklich keine besaß, dazu ist die Fossi-lisation ein viel zu unzuverlässiger Prozess. Viele Forscher halten es für wahrscheinlich, dass die tyrannenköniglichen Jungtiere Fe-dern besaßen und sie später als Heranwachsende verloren.

Im Jahr 2009 wurde Tianyulong confuciusi entdeckt, ein gefie-derter Dinosaurier, der nicht zu den Theropoden, sondern in die andere große Entwicklungslinie gehört, zu den Ornithischia oder Vogelbeckendinosauriern. Wieder dürfte es einige Paläontolo-gen gegeben haben, denen vor Verblüffung die Kinnlade hinunterklappte. Waren Federn etwa noch weiter verbreitet als gedacht? Nach alter Auffassung wäre das ziemlich schwer zu verstehen gewesen, doch die schon erwähnte neue Einteilung der Dinosaurier, die 2017 vorgeschlagen wurde, fasst die Theropoda nicht mehr mit den bislang definitiv federlosen Sauropoden, sondern mit den Ornithischia zusammen, und die Bildung derartiger Hautanhänge könnte in beiden Gruppen vorgekommen sein.

Nach heutigem Kenntnisstand reicht die Fähigkeit, primitive Federn zu bilden, im Dino-Stammbaum mindestens bis in die mittlere Trias zurück, in die Zeit vor 230 Millionen Jahren. Damals entstanden sie in ihrer einfachsten fadenförmigen, unverzweigten Form, und es dauerte etwa 100 Millionen Jahre, bis sie sich so weit verändert hatten, dass sie in den Dienst einer Fortbewegung durch die Luft gestellt werden konnten.

Der Ursprung einfacher Federn könnte sogar noch länger zurückliegen. In China wurden auch Flugsaurier gefunden, deren Körper von Filamenten bedeckt waren. Sollten diese Strukturen mit denen von Dinosauriern vergleichbar (homolog) sein, wäre die Fähigkeit, Federn zu bilden, sogar älter als die Dinosaurier, ein Gedanke, den auch Mark Norell erwogen hat: »Es gab viele gefiederte Tiere und sie reichen weit zurück in der Geschichte – vielleicht sogar bis an die Basis der Dinosaurier selbst.«

Viele Kennzeichen der Vögel haben sich als Erbschaft ihrer Vorfahren entpuppt: die Zweibeinigkeit, das pneumatisierte Skelett und die »Vogelatmung«, die Furcula (Gabelbein oder *wishbone*), Nestbau und Brutpflege, die Warmblütigkeit, beschleunigtes Wachstum, Hahnenkämme, ja sogar bestimmte Krankheiten und Parasiten … und nun auch noch die Federn. All das hatte sich Schritt für Schritt schon während der Evolution der Theropoden entwickelt. Letztlich stehen unsere gefiederten Freunde heute als ziemlich typische Dinosaurier da, denen es gelang, mit aktivem Flug den Luftraum zu erobern.

Dinosaurier werden in der Regel mit Größe assoziiert, doch wir haben gelernt, dass dies längst nicht für alle gilt. Voraussetzung für das Entstehen der Vögel und damit auch für das Überleben der Dinosaurier über den Asteroideneinschlag hinaus bis in unsere Gegenwart war nicht der Gigantismus, den manche ihrer Vertreter zeigten, sondern das genaue Gegenteil. Nur kleine Landtiere überlebten den Einschlag; und betrachtet man die Ahnengalerie der Vögel, so ist tatsächlich ein kontinuierlicher Trend zur Miniaturisierung auszumachen. Ausgehend von großen Theropoden im fernen Trias vor etwa 230 Millionen Jahren sind die direkten Vogelvorfahren an jeder neuen Verzweigung ihres Stammbaumes kleiner geworden. Um fliegen zu können, muss man natürlich über Flügel und eine kräftige Muskulatur verfügen, dazu sind ein leistungsfähiges Gehirn und entsprechende Sinnesorgane erforderlich. All das hätte aber nichts genützt, wenn die Tiere so groß und schwer wie ein Tyrannosaurus oder Gigantoraptor geblieben wären.

Vögel entstanden aus kleinen, gefiederten Raubdinosauriern, und auf diesem Weg veränderte sich das Skelett der Vogelahnen wesentlich schneller als das anderer Dinos. Die Tiere perfektionierten ihre Leichtbauweise, die Schnauzen wurden kleiner, Zähne wurden eingespart, Augen und Gehirn im Verhältnis größer.

Dieser Trend zu Miniaturisierung und Effizienz spiegelt sich erstaunlicherweise auch in den Genomen dieser Tiere, der Gesamtheit ihrer Erbanlagen, die als lange DNA-Fäden in den Kernen ihrer Körperzellen liegen. Große Genome zu unterhalten kostet viel Energie. Sie müssen kopiert, kontrolliert und repariert werden. So erklären sich die Wissenschaftler jedenfalls die Tatsache, dass fliegende Wirbeltiere wie Fledermäuse und Vögel die kleinsten Genome innerhalb ihrer Verwandtschaft haben. Kolibris, die kleinsten lebenden Vogeldinosaurier mit der höchsten Stoffwechselrate, halten folgerichtig den Rekord.

Hat auch diese Entwicklung schon bei den Nicht-Vogel-Dinosauriern eingesetzt? Im fiktiven *Jurassic Park* wurde die Dino-

DNA aus Blutzellen gewonnen, die die Menschen dem Darm von in Bernstein konservierten Stechmücken entnahmen. Seriöse Wissenschaftler halten das für weit hergeholt und nahezu unmöglich.

Doch wie könnte man Dino-Erbgut sonst gewinnen? Der damals in Harvard forschende Chris Organ hatte zusammen mit britischen Kollegen eine geniale Idee. Man bräuchte gar keine DNA, wenn es gelänge, einen Zusammenhang zwischen der Größe bestimmter Zellen und der Größe ihres Genoms herzustellen. Und welche Zellen eignen sich wohl dafür, wenn man ihre Größe auch in zu Stein gewordenen Fossilien ermitteln möchte? Natürlich die Zellen, die die Knochensubstanz produzieren. Sie haben in fossilem Knochenmaterial kleine Löcher oder Hohlräume (Lacunae) hinterlassen.

Zunächst gelang es Organ und seinem Team, den Zusammenhang an lebenden Organismen zu belegen. Ja, es stimmte, die Größe von Knochenzellen verschiedenster Tiere stieg mit der Größe ihres Genoms, also mit der Menge an DNA in den Zellkernen. Die Forscher erhielten eine Eichkurve, die sie nun auf Messungen an 31 Dinosaurierarten anwendeten, darunter auch einige ausgestorbene Vögel. Und das Ergebnis ließ an Klarheit nichts zu wünschen übrig. Der Trend zum kleineren Genom begann unter den Vogelvorfahren schon im Trias, vor 230 bis 250 Millionen Jahren. Und während in den Theropoden, die auf dem Weg zu den Vögeln waren, die Genome schrumpften, stagnierte ihr Format bei den Ornithischia mit der Verwandtschaft von Triceratops, Stegosaurus und Iguanodon – ein verblüffendes Ergebnis. Wieder weist ein vermeintliches Vogelmerkmal in Wirklichkeit weit in die Vergangenheit zurück.

Als Übergangsform zwischen Echse und Vogel steht Archaeopteryx jetzt nicht mehr allein auf weiter Flur. Er hat jede Menge Gesellschaft bekommen, und die meisten Fachleute siedeln ihn heute eher an einem blind endenden Seitenast des weit verzweigten Vogelstammbaums ein und bezweifeln, dass er ein direkter Vorfahr war.

Archaeopteryx ist ausgestorben, und er ist nicht der Einzige aus seiner näheren und ferneren Verwandtschaft, der der großen Katastrophe am Ende der Kreidezeit zum Opfer fiel. Nicht nur für sämtliche Nicht-Vogel-Dinosaurier war hier Endstation, auch für die meisten Vögel und Vogelartigen. Von den vielen Jehol-Vögeln, die man in Liaoning gefunden hat, ist kein einziger einer heute noch lebenden Verwandtschaftsgruppe zuzuordnen. In einer anderen Weltgegend müssen es aber einige geschafft haben zu überleben, glücklicherweise, denn wie viel ärmer wäre doch unsere Welt ohne sie, ohne lebende gefiederte, bunte und singende Dinosaurier.

Wissenschaftler des American Museum of Natural History, glauben nun das Rätsel gelöst zu haben. Ihren Analysen zufolge, die sowohl genetische als auch paläontologische Daten berücksichtigen, lebte der letzte gemeinsame Vorfahr aller heutigen Vögel vor etwa 95 Millionen Jahren in West-Gondwana, dem Teil des riesigen Südkontinents, aus dem Südamerika und große Teile der Antarktis hervorgingen. Von hier müssen sie in alle Welt ausgeschwärmt sein, bis nach China, wo es, wie wir nun wissen, ebenfalls viele mehr oder weniger erfolgreiche Versuche von gefiederten Dinosauriern gegeben hatte, die Schwerkraft zu überwinden. Warum am Ende nicht sie das Rennen machten, sondern ihre Verwandten vom Südkontinent, wissen wir nicht.

Wenn so vieles, was wir heute bei diesen Vögeln sehen, eigentlich Dinosauriermerkmale sind, müssen dann umgekehrt die Dinosaurier nicht schon viel vogelähnlicher gewesen sein, als wir sie uns bisher vorgestellt haben? In *Jurassic Park*, unserer filmischen Referenz, war davon so gut wie nichts zu sehen. Nur, was hätte man denn zeigen können? Von ihrer Anatomie abgesehen, wie hat diese Vogelnatur sich in Bewegungen, Lauten und Verhalten geäußert? Leider können wir darüber nur spekulieren.

Es gibt allerdings seltene Fälle, in denen ein Fossil mehr transportiert als nur die knochige Hardware. Ein solcher Fall ist Mei long. Bei kaum einem Fossil springt die bislang unterschätzte Vogelnatur der Dinosaurier derart ins Auge wie bei diesem 130 Millionen Jahre alten Jehol-Fossil, das Mark Norell und der chinesische Starpaläontologe Xing Xu im Jahr 2004 präsentierten.

Mei long ist nicht in einer Todespose konserviert worden, wie das bei vollständigen Skeletten meistens der Fall ist. Typisch ist der weit nach hinten in den Nacken gelegte Kopf, was durch postmortale Kontraktion starker Ligamente oder Bänder im Hals zustande kommt.

Mei long ist anders. Der Name bedeutet »tief schlafender Drache« und beschreibt präzise, was dieses junge, im ausgewachsenen Zustand etwa truthahngroße Tier tat, als es unter einer Decke von Vulkanasche der Tod ereilte. Vielleicht waren auch giftige Gase schuld. Es muss jedenfalls schnell gegangen sein, und Mei long ist dabei nicht aufgewacht.

»Menschen, die das Stück gesehen haben, hat es regelrecht umgehauen«, erzählt Mark Norell. Es ist die Pose, die Betrachter so berührt: die Füße unter dem Körper zusammengefaltet, der Kopf unter die linke Vorderextremität geschoben, eine Schlafstellung, die uns bekannt vorkommt.

Als Laie fällt es schwer, sich anhand der präparierten Knochen das ganze Wesen vorzustellen. Deshalb hat Mick Ellison, Künstler, Fotograf und Illustrator des American Museum of Natural History es gezeichnet. Er hat Mei long in weißes Gefieder gehüllt und lässt das Tier mit geschlossenen Augen ruhen, ein Schlaf, aus dem es kein Erwachen mehr gibt.

Kein Zweifel, ein Vogel. Wie ein Schwan oder eine Ente, die schlafend am Ufer liegt, den Kopf unter den kleinen Flügel gebettet. Dann fällt der Blick auf den langen Schwanz, der rings um den

So fand man Mei long, den 130 Millionen Jahre alten, truthahngroßen, schlafenden Drachen aus Liaoning. Er trug sicher Federn, zu erkennen sind sie am Fossil aber nicht.

Mei long in seiner verblüffend vogeltypischen Schlafhaltung. Die Zeichnung stammt von Mick Ellison, Mitarbeiter des American Museum of Natural History.

Körper drapiert ist. Stummelflügel, Schwanz? Jetzt wissen wir, dass hier etwas nicht stimmt. Im ersten Moment sieht Mei long seltsam vertraut aus, tatsächlich handelt es sich aber um einen 130 Millionen Jahre alten Dinosaurier.

Acht Jahre später wurde ein zweites Fossil gefunden. Und wieder machte das Tier seinem Namen alle Ehre. Auch Mei long II schlief in gleicher Pose tief und fest.

Übrigens: Warum schlafen Vögel (und einige Dinosaurier) eigentlich in dieser Haltung? Um der kalten Luft eine möglichst kleine Oberfläche zu bieten und den Wärmeverlust in Grenzen zu halten, vermutet die Wissenschaft. Um vor allem das kostbare Gehirn vor Auskühlung zu bewahren. Bewahren kann man aber nur etwas, das vorher schon da ist. Wenn diese Interpretation stimmt, ist die Schlafhaltung ein weiterer starker Hinweis für Mei longs Warmblütigkeit.

Jetzt wird Jack Horners Antwort auf die Frage des Magazins *Nature* verständlich, was wir denn über das Verhalten der Dinosaurier wissen: »Dinos ähnelten eher Rotkehlchen als Krokodilen«, sagte Horner und dürfte sich dabei über die verblüfften Gesichter seiner Gesprächspartner amüsiert haben. Er hätte auch »Vogel Strauß«, »Adler« oder »Kondor« sagen können. Nein, er sprach vom Rotkehlchen – natürlich eine mit Bedacht gewählte Provokation. Noch einmal, weil es so schön war: »Dinos ähnelten eher Rotkehlchen als Krokodilen. Ihre ganzen Stacheln und Schildpanzer waren recht zerbrechlich und ziemlich sicher eher zur Show als für einen Kampf gemacht – ganz ähnlich wie die Knochenkämme einiger moderner Vögel. Manche Dinos hatten Federn, und sie haben wahrscheinlich auch Balztänze wie die Vögel heute aufgeführt. Wenn wir wirklich einmal einen ›Jurassic Park‹ aufbauen, würde er wohl eher Szenen wie aus der Serengeti liefern statt aus *Der weiße Hai*. Ich habe tatsächlich schon mal ein Drehbuch geschrieben, bei dem Wissenschaftler aus der Zeitmaschine aussteigen und sich mit tanzenden Triceratops konfrontiert sehen, die mit ihren farbigen Schädelschilden angeben. Na ja, so einen Film würde sich halt kein Mensch anschauen.«

Tanzende Triceratops? Ich hätte mir das bestimmt angesehen. Horner konnte es damals noch nicht wissen, mittlerweile gibt es aber eine weitere Überlieferung aus ferner Vergangenheit, die Hinweise auf ein ungeahnt vogelähnliches Verhalten von Dinosauriern liefert. Diesmal sind es keine in aussagekräftiger Pose angeordneten Knochen, sondern Fußspuren – oder besser gesagt: Kratzspuren. Sie wurden an vier verschiedenen Stellen im Dakota-Sandstein Colorados gefunden, in einem Gebiet, das für seine vielen Dinosaurierspuren bekannt ist. Auf die tiefen und bis zu zwei Meter langen Bodenscharten stieß man aber erst jetzt. Sie stammen unzweifelhaft von großen Theropoden und wurden nebeneinander mal mit dem linken, mal mit dem rechten Fuß in den Untergrund gekratzt.

Was ist hier geschehen? Künden diese ungewöhnlichen Spuren von einer dramatischen Auseinandersetzung, sind es Wut- oder Drohkratzer zweier sich kampfbereit gegenüberstehender Raubdinosaurier? Denkbar wäre es, im Film waren solche Auseinandersetzungen ja schon mehrfach zu sehen.

Doch die Entdecker der Spuren glauben ausnahmsweise an ein wesentlich friedlicheres Szenario, denn die größte Fundstelle misst etwa 50 mal 15 Meter und enthält etwa 60 solcher Kratzstellen. Hier waren also mit Sicherheit mehr als nur zwei Tiere aktiv, und nichts deutet auf eine Massenschlägerei hin. Die Forscher sind davon überzeugt, eine Balzarena gefunden zu haben, Spuren von Paarungsritualen, wie man sie auch von vielen bodenbrütenden Vogelarten kennt. Auf einer großen Freifläche warben hier mehrere tonnenschwere männliche Theropoden um Partnerinnen, indem sie mit Dreck nur so um sich schmissen. Die gefundenen Spuren sind wahrscheinlich nur ein Ausschnitt einer wesentlich größeren Arena. Bei Vögeln spricht man von »Kratzzeremonien« oder »Pseudonestbau«.

Andere Erklärungsmöglichkeiten schließen die Forscher aus. Nach Wasser musste in dieser damals sehr feuchten Gegend niemand graben, und tonnenschwere Raubdinosaurier suchten ihre Nahrung nicht, indem sie wie Hühner auf dem Boden scharrten. Dass es sich um Spuren des eigentlichen Nestbaus handeln könnte, ist wohl auch auszuschließen, denn Nester wurden nicht gefunden, haben sich aber vermutlich in der Nähe befunden. Bleibt die Display-Arena, eine weite, gut einsehbare Freifläche, auf der die männlichen Tiere ihren potenziellen Partnerinnen demonstrierten, dass sie zum Nestbau befähigt waren.

Wäre das nicht wirklich eine Anregung für zukünftige Dino-Filmprojekte: fünf, sechs oder mehr ausgewachsene männliche Theropoden, die den in sicherer Entfernung zuschauenden Weibchen zeigen, was eine Harke ist? Zumal Martin Lockley, Geologe und Spezialist für Dinosaurierspuren von der University of Colorado in Denver noch Folgendes zu bedenken gibt: »Können Sie sich vorstellen, dass diese Dinosaurier wegen der Paarung richtig aufgeregt werden, dass sie all diese wilden physischen Aktivitäten zeigen und dabei einfach nur stumm sind, still?« Er ist davon überzeugt, dass sie wie ihre gefiederten Nachfahren Laute von sich gegeben haben. Da kaum denkbar ist, dass tonnenschwere, elf Meter lange Acrocanthosaurier, die Lockley für die Verursacher der Kratzer hält, melodische Liedchen trällerten, heißt das wohl: Die hochgradig erregten Tiere brüllten beim Balzen und Kratzen nach Herzenslust. Was für ein Schauspiel. Und ein gefundenes Fressen für Dinosaurierfilmmacher.

Allerdings ... in den letzten Jahren scheint sich etwas verändert zu haben – falls mein naiver Eindruck überhaupt zutrifft und die ursprünglichen Macher von *Jurassic Park*, sprich: Steven Spielberg und sein Team, tatsächlich nicht nur an kommerziellem Erfolg und einer nervenzerfetzenden Geschichte, sondern auch an einer möglichst realistischen Darstellung von Dinosauriern interessiert waren. Heute kann man das sicher nicht mehr behaupten. Seit in China die ersten gefiederten Exemplare auftauchten, haben sich das Kino und seine Dinosauriergeschichten vom wissenschaftlichen Fortschritt abgekoppelt.

Zugegeben, um 1993 in Spielbergs erstem Teil der Filmreihe gefiederte Dinosaurier zu zeigen, hätte es schon hellseherischer Fähigkeiten bedurft. Und auch der zweite Teil, der 1997 anlief, kam dafür zu früh. Im dritten Teil (2001) aber und spätestens mit Beginn der zweiten Trilogie (2015) hätte man ihnen einen ersten großen Auftritt verschaffen können – und nicht nur eine rudimentäre Federkrone am Kopf eines Velociraptors, den es so nie gegeben hat. Doch nicht nur, dass daran kein Interesse bestand, man entschied sich offenbar ganz bewusst dagegen und hielt an der alten, jetzt überholten Darstellung fest. Den Fans entging das natürlich nicht und man mutmaßte, was wohl der Grund dafür gewesen sein könnte.

Oft waren es bauliche oder technische Notwendigkeiten, die in der Vergangenheit dazu führten, dass Dinosaurier nur in bestimmter Weise präsentiert werden konnten. Das galt sowohl für Hawkins' Londoner Skulpturen als auch für die Aufstellung der aus schweren versteinerten Knochen oder deren Gipskopien bestehenden Museumsskelette. An der Jahrtausendwende wiederholte sich das auf ganz anderer Ebene, denn dass man dem Kinopublikum gefiederte Dinosaurier vorenthielt, hatte vor allem technische Gründe. Schuppige Echsenhaut im Computer zu simulieren war für die Spezialisten eine vergleichsweise leichte Aufgabe, die sie mit Bravour lösten. Aber ein Tier, dass in Tausende von Federn gekleidet ist, glaubhaft zu virtuellem Leben zu erwecken, ist ungleich schwerer. Die Darstellung von Lichteinfall, Reflexionen und dem Eigenleben der Federn, die sich im Wind und durch Muskelkraft bewegen, erfordert so viel Rechenleistung, dass die *Jurassic-Park*-Pioniere und ihr sündhaft teurer Maschinenpark an ihre Grenzen stießen. Also hat man darauf verzichtet. Es war ja Anfang der 1990er-Jahre nicht abzusehen, dass noch mindestens fünf weitere Filme daran anschließen würden. Vermutlich waren damals auch viele Wissenschaftler davon überzeugt, dass man mittlerweile eine ziemlich realistische Vorstellung von Dinosauriern habe und dass sich daran nur noch wenig ändern werde. Wer konnte ahnen, dass dieses Bild schon wenige Jahre später so grundlegend veraltet sein würde?

Velociraptoren (bzw. Deinonychus, das eigentliche Vorbild der Filmhelden) trugen wahrscheinlich Federn und hätten ganz anders aussehen müssen, das ist den Filmemachern und ihren Beratern bekannt gewesen. Aber man kann eine Rolle nun mal nicht mit Arnold Schwarzenegger besetzen und ihn dann in der zweiten oder dritten Fortsetzung durch Otto Waalkes ersetzen. Mit anderen Worten: einmal nackt, immer nackt, auch wider besseres Wissen. Doch warum hat man gefiederte Dinosaurier nicht wenigstens in Nebenrollen auftreten lassen? Für ein paar Lacher wären sie sicher gut gewesen.

Jack Horner hat es versucht. Er wollte gefiederte Dinosaurier im Film sehen und hat mit Spielberg darüber geredet. Vergeblich. Denn neben der technischen Herausforderung und dem Beharren auf der einmal entschiedenen Darstellung gab es noch einen weiteren Grund, einen, der für Filmemacher ausschlaggebend war. »Gefiederte Dinosaurier sind einfach nicht so gruselig«, antwortete Spielberg. Und das sollten sie natürlich sein: gruselig, furchterregend, unheimlich und fremdartig. Darauf fußte die ganze Geschichte.

Und, Hand aufs Herz, Spielberg hatte recht, oder? Eine zottelige Befiederung würde die Film-Velociraptoren entschärfen. Oder gar ein gefiederter T. rex – *no way*. Wirken gefiederte Dinosaurier in vielen Darstellungen nicht irgendwie ... merkwürdig? Wie überdimensionierte Truthähne? *Bad guys*, die man nicht ernst nimmt, sind der Tod für einen Thriller.

Federn, das sitzt tief in uns, sind das Markenzeichen der Vögel, und die haben mehr Freunde unter den Menschen als jede andere Tiergruppe. Ihre Federn versetzen sie in die Lage zu fliegen, etwas, wovor wir größten Respekt haben. Jahrhundertelang konnten wir davon nur träumen, und unter Einsatz ihres Lebens versuchten viele, den Vögeln nachzueifern. Die Menschen haben diese überaus erfolgreichen und nahezu omnipräsenten Endprodukte einer Millionen Jahre dauernden Evolution vor Augen, und natürlich wird alles, was Federn trägt, an ihnen gemessen – und schneidet schlecht ab. Ein Beinahe-Vogel wie der Archaeopteryx ist gerade noch akzeptabel, viele andere wie der Gigantoraptor wirken vor diesem Hintergrund aber seltsam unfertig, ja geradezu komisch. Stummelflügel, die zu nichts gut zu sein scheinen, grotesk lange Klauen, die den Tieren ein Aussehen verpassen, das an den tragikomischen Edward mit den Scherenhänden erinnert. Die Stimmen, die zu diesen Wesen gehörten, mag man sich gar nicht vorstellen. Gekrächze, schrille Schreie. Ach, wären sie doch Echsen geblieben.

Möglicherweise liegen die Paläokünstler ja falsch, aber was sie anbieten, degradiert viele der gefiederten Theropoden zu besseren Witzfiguren. Statt Respekt einzuflößen wie zuvor ihre echsenhaften Vorgänger, bringen sie einen nicht selten zum Schmunzeln oder ratlosen Kopfschütteln. Ähnlich wirken viele Darstellungen ausgestorbener Säugetiere, etwa der frühen Elefanten. Es ist vermutlich nicht die Schuld der Künstler und die der Tiere schon gar nicht. Die großen Dinosaurier werden als Höhepunkte einer Entwicklung wahrgenommen, die ohne ihr Verschulden in einer kosmischen Katastrophe endete. Ein wesentlicher Teil ihres Mythos und ihrer Faszination rührt vom abrupten Ende der Dinosaurier her, einem dramatischen Abgang, dem etwas Tragisches anhaftet. In ihrer gefiederten Version wirken sie nun wie Übergangswesen, wie unfertige Provisorien, und das, obwohl diese Arten genauso lange existierten wie ihre schuppentragenden Verwandten, für die es keine Zukunft gab. Sie waren eben weder das eine noch das andere, bevölkerten eine Durchgangsstraße der Evolution, und weil wir das (vorläufige) Endprodukt ihrer Evolution kennen, die Vögel, wundert es uns nicht, dass diese Zwischenstadien, unvollkommen, wie sie waren, ausstarben und weiterentwickelten Formen Platz machten.

Vielleicht ist es diese Entzauberung, die es für manche Menschen so schwer macht, dem neuerlichen Gestaltwandel vieler Dinosaurier zu folgen. Und nicht nur Laien haben damit Schwierigkeiten. Die nahe Verwandtschaft von Vögeln und Dinosauriern wird immerhin von der überwiegenden Mehrzahl der Forscher als Tatsache akzeptiert. Vor allem dank der sensationellen Funde aus China gilt der Übergang von Theropoden zu Vögeln als eine der am besten belegten evolutionären Entwicklungsreihen überhaupt.

Sogar die molekularbiologischen Grundlagen dieses Übergangs werden mittlerweile unter die Forschungslupe genommen. Wir kennen die vier Gene, die an der Federbildung beteiligt sind, können deren Funktion und Zusammenspiel studieren und Theorien darüber aufstellen, wie hier im Laufe der Jahrmillionen eines zum anderen kam. Jack Horners Arbeitsgruppe untersucht die genetischen Vorgänge, die bei Vögeln zum Verschwinden des Dinosaurierschwanzes geführt haben. »Im Dino-Huhn-Projekt an der Montana State University in Bozeman halten wir nach genetischen Mechanismen Ausschau, die bei der Transformation von Dinosauriern zum Huhn eine Rolle gespielt haben«, erzählte er *Nature*. »Meine Mitarbeiterin Dana Rashid hat dafür Mäuse-Gene gescreent und nach Mechanismen gesucht, die eine Maus den Schwanz verlieren lassen. Wenn sie hier fündig wird, könnten wir auch einen Weg aufdecken, diesen Prozess umzukehren – und einen Schwanz an Hühnern wachsen zu lassen.« Wozu auch immer das gut sein soll. Eines ist jedenfalls klar: in *Jurassic Park* hätte man die vorhandenen Lücken in der Dino-DNA nicht mit Erbgut von Fröschen, sondern mit Vogel-DNA auffüllen müssen, samt den darin versteckten genetischen Erinnerungen an ferne Dinosaurierzeiten.

Doch trotz der geradezu erdrückenden Beweislage lehnt eine kleine und mit jedem neuen Fund kleiner werdende und verzweifelter argumentierende, wütende Forscherschar diese Version der Geschichte strikt ab. *BAND* werden sie genannt, für *Birds Are No Dinosaurs*. Sie bestreiten eine enge Verwandtschaft zwischen den beiden Tiergruppen und führen die Vögel auf eine ominöse, weil nicht näher identifizierbare Gruppe von Archosauriern zurück. Eigentlich hätten die in China aufgetauchten Exemplare sie endgültig überzeugen und zum Schweigen bringen müssen. Taten sie aber nicht. Die *BAND*-Anhänger bestritten deren Existenz, taten die Federn als Artefakte ab oder sahen in den Tieren eher flugunfähige Vögel, die angeblich eine Rückentwicklung zu theropodenähnlichen Formen durchgemacht hätten. Das Ganze ähnelt absurden Verschwörungstheorien. Es ist, als ob in den Augen dieser Außenseiter einfach nicht sein kann, was nicht sein darf.

Mit den weltberühmten Jehol-Fossilien aus Liaoning wurde und wird leider auch viel Schindluder getrieben. Gut erhaltene Stücke bringen mittlerweile eine Menge Geld, sodass viele Menschen ohne die erforderliche Sachkenntnis ihr Glück versuchen und die besten Funde an öffentlichen Institutionen vorbei in die Hände von wohlhabenden Sammlern schleusen, natürlich unter Vernachlässigung aller geltenden wissenschaftlichen Standards. Es gibt Fälschungen zuhauf. Obwohl die Behörden und wissenschaftlichen Einrichtungen in China alles tun, um solchen Entwicklungen einen Riegel vorzuschieben, ist der wilde Hype, der um diese Fossilien entstanden ist, kaum zu bändigen.

Es geht um große Fragen, deswegen war es wohl nur eine Frage der Zeit, bis ein wirklich raffiniert gefälschtes Fossil auftauchte, auf das selbst Fachleute und die National Geographic Society hereinfielen, die das Fossil 1999 auf einer Pressekonferenz der Öffentlichkeit präsentierte. »Archaeoraptor« hieß das genial konstruierte Stück. Wie sich später unter Federführung von Xing Xu herausstellte, wurde Archaeoraptor aus zwei verschiedenen fos-

silen Arten zusammengesetzt, aus dem Vorderteil eines ursprünglichen, noch bezahnten Vogels und aus Hinterbeinen und Schwanz
von Microraptor zhaoianus, des kleinsten bisher bekannten Theropoden, der an Vorder- und Hinterextremitäten bereits asymmetrische Flugfedern trug und wahrscheinlich ein hervorragender
Gleiter war. Archaeoraptor wurde konstruiert, um ein ideales Missing Link abzugeben: halb Dinosaurier, halb Vogel – zu schön, um
wahr zu sein. Wer ihn schuf und wozu, ist ungeklärt, aber wer immer es war, er stiftete eine Menge Unruhe und lieferte Kreatio-
nisten einen willkommenen Anlass, einmal mehr die Evolution
im Allgemeinen und die Abstammung der Vögel von theropoden
Dinosauriern im Speziellen anzuzweifeln und dem aus ihrer Sicht
fehlgeleiteten Wissenschaftsestablishment illegale Methoden vor-
zuwerfen.

Es gibt, das muss man konstatieren, Menschen, die aus den verschiedensten Gründen Schwierigkeiten damit haben, sich an das
neue gefiederte Erscheinungsbild vieler – bei Weitem nicht aller –
Dinosaurier zu gewöhnen. Oder die es nicht schaffen, in Vögeln
quasi die heutigen Nachfahren der Dinos zu sehen. Manche haben
nachvollziehbare Gründe, wie die Filmemacher, andere sind einfach nur stur oder zu faul, um sich Neues anzueignen, oder haben
bis heute noch nie von entsprechenden Überlegungen gehört. Eine gewisse Trägheit, bevor neue Ansichten allgemein akzeptiert
werden, wird man wohl tolerieren müssen. Wissenschaftlicher
Fortschritt entsteht dadurch, dass als falsch oder unvollständig er-
kannte alte Anschauungen über Bord geworfen und durch neue
Theorien und Tatsachen ersetzt werden, wenn die Forscher die
von Kollegen vorgelegten Daten und Argumente überzeugend
finden. Das ist eine bewundernswerte Eigenschaft, die aber bei
Weitem nicht allen Menschen gegeben ist. Manche brauchen eben
etwas länger und mehr Argumente, bevor sie ihre Meinung ändern, andere sind nahezu unbelehrbar.

In Zeiten von Fake News, einer zunehmenden Akzeptanz selbst der abenteuerlichsten Verschwörungsszenarien und einer wachsenden Skepsis gegenüber Wissenschaftlern und ihren Erkenntnissen gibt eine ungewöhnliche Studie New Yorker Paläontologen allerdings zu denken. Die Autoren sind erfahrene Lehrer, die seit Jahrzehnten Schüler und Studenten ausbilden, und immer wieder war ihnen etwas aufgefallen: Wenn sie die jungen Leute baten, einen Tyrannosaurus rex zu zeichnen, malten diese »mit hoher Wahrscheinlichkeit ein Tier in aufrechter, den Schwanz hinter sich herziehender Haltung, die in bemerkenswerter Weise der originalen Beschreibung dieses berühmten Dinosauriers aus dem Jahr 1905 glich«.

Wohlgemerkt, wir sprechen hier nicht über das beginnende 20. Jahrhundert, sondern über das Jahr 2013 und über Schüler und Studenten, die zweifellos einer Post-*Jurassic-Park*-Generation angehörten. Die meisten von ihnen werden den Film oder seine Nachfolger gesehen haben, wie etwa zwei Milliarden andere Menschen auch. Ihnen, denen ganze Regalwände voller Dinosaurierbücher und -filme zur Verfügung stehen, müssten die alten Darstellungen eigentlich genauso rückständig und überholt erscheinen wie die Pferdekutschen und -omnibusse, die damals in New York und anderswo den öffentlichen Nahverkehr abwickelten. Es waren zudem keine zufällig ausgewählten jungen Leute, sondern solche, die an einem einführenden Geologie-Kurs teilnehmen wollten. Wenigstens ein Teil von ihnen müsste sich doch mit der Dinosaurier-Krankheit infiziert haben und auf dem neuesten Stand sein.

Weit gefehlt. Als die Forscher den eher anekdotischen Beobachtungen, die sie im Laufe der Jahre gemacht hatten, eine Studie folgen ließen und Hunderte von Kindern und Jugendlichen, die in ihre Lehrveranstaltungen kamen, aufforderten, einen T. rex zu malen, fanden sie ihre Eindrücke bestätigt. Es waren nur wenige, die ein modernes Bild eines T. rex zeichneten, bei dem Vorderkörper und Schwanz etwa parallel zum Boden gehalten werden und sich die Waage halten. Die meisten von ihnen, etwa 20 Prozent, waren erstaunlicherweise unter den Jüngsten, den Fünf- bis Achtjährigen, von mehr als 110 College-Studenten wählten aber nur vier diese Körperhaltung. Der Dino-Infekt ist offenbar bei Weitem nicht so ansteckend wie gedacht.

Trotz der ungeheuren Popularität und Allgegenwart dieses Dinosauriers tragen die meisten amerikanischen Kinder und Jugendlichen ein T.-rex-Bild mit sich herum, das mehr als 100 Jahre alt ist. An ihnen ist also nicht nur die Aufregung um die gefiederten Drachen Chinas spurlos vorübergegangen, sondern auch die Dinosaurier-Renaissance der 1960er- und 1970er-Jahre und die vielen aufwendig produzierten Fernsehdokumentationen zum Thema. An den entsprechenden Stellen eines der meistgesehenen Filme aller Zeiten scheinen sie nicht auf die Leinwand oder den Bildschirm geschaut, sondern mit ihren Freundinnen oder Freunden geknutscht zu haben. Das sei ihnen von Herzen gegönnt, aber als Paläontologe kann man da schon ins Grübeln kommen.

Kinder und Jugendliche beziehen ihre Vorstellungen aus den Quellen, die ihnen und ihren Familien zugänglich sind und die nicht selten speziell für sie produziert werden. In neueren Film- und Fernsehproduktionen werden theropode Dinosaurier allerdings weitgehend korrekt dargestellt. Sie kommen als Vorbild für die Zeichnungen nicht infrage. Dasselbe gilt für die naturhistorischen Museen, die ihren Ausstellungsstücken in der Folge der Dinosaurier-Renaissance fast durchgängig ein Aussehen verpasst haben, das den neuesten wissenschaftlichen Erkenntnissen entspricht. In Berlin wurde extra eine kanadische Spezialfirma engagiert, um den in veralteter Pose mit winkelig nach außen ragenden Beinen präsentierten Brachiosaurus zu demontieren und ihn mit frei unter dem Körper schwingenden Beinen größer als zuvor wieder erstehen zu lassen.

Also fiel der Verdacht der New Yorker Forscher auf die Bücher. Doch nachdem sie zahllose Abbildungen in der einschlägigen Literatur inspiziert und vermessen hatten, stellten sie fest, dass auch die nach 1970 erschienenen Jugend- und Kinderbücher ein modernes Dinosaurierbild transportieren, und zwar umso mehr, je neuer sie sind.

Wenn nicht aus Film und Fernsehen, aus Büchern oder Museen, woher, zum Teufel, haben die Kinder dann ihr verschrobenes Dinosaurierbild? Die Verfasser vermuten, »dass weit mehr Menschen Dinosauriern in wesentlich alltäglicheren Settings begegnen: auf ihren Pyjamas, in Gestalt von Chicken Nuggets und Kuscheltieren zum Beispiel«. Und tatsächlich. Hier wurden die Forscher fündig. Es ist das Spielzeug im weitesten Sinne, das noch immer in veraltet aufrechter Pose produziert wird, und es sind diese Figuren, die kleine Kinder lehren, was sie mit dem Wort »Dinosaurier« zu assoziieren haben. Alles, was sie danach sehen und erleben, kann dieser Prägung offenbar wenig anhaben.

»Bilder im alten Stil«, resümieren die Forscher, »die lange Zeit in die Popkultur eingebettet bleiben, können zu einer kulturellen Trägheit führen, die überholte wissenschaftliche Ideen im öffentlichen Bewusstsein noch am Leben erhält, lange nachdem Wissenschaftler sie verworfen haben.«

Die Strahlkraft neuer wissenschaftlicher Ideen macht ihre Verbreitung außerhalb der Institutsmauern nicht automatisch zum Selbstläufer, sogar oder gerade wenn es um solche Ikonen der populären Kultur geht wie Dinosaurier. Es ist nicht so, dass alle Menschen permanent nach neuen Informationen gieren. Die meisten sind zufrieden mit dem, was sie wissen, und ob in der *Jurassic World* gefiederte Dinosaurier zu sehen sind oder nicht, dürfte ihnen herzlich egal sein, solange es im Film ordentlich zur Sache geht.

Um ein ernsthaftes Interesse der Öffentlichkeit müssen sich Wissenschaftler und Wissenschaftlerinnen bemühen, unermüdlich und geduldig, Tag für Tag und immer wieder aufs Neue. Und viele tun es ja, sorgen mit spannenden Forschungsergebnissen dafür, dass die Dino-Krankheit ansteckend bleibt. Mit Fakten allein ist allerdings wenig auszurichten, es gilt, auch die Macht der Bilder zu nutzen, wie es in der Paläontologie seit fast 200 Jahren geschieht, seit den Zeiten von Mary Anning und William Buckland. Vielleicht sollte Jack Horner deshalb in zukünftigen Filmprojekten auf der Berücksichtigung federtragender Dinosaurier bestehen. *In Ice Age 5 – Kollision voraus!* waren sie schon zu sehen, gefräßige Verwandte der Velociraptoren mit riesigen Schnäbeln und einem knallroten Federkleid. Und die Designer der Spielzeugindustrie, die Produzenten von Pyjamas und Kinderbettwäsche? Sollten dringend mal wieder ins Museum gehen.

Danksagung

Ohne das Berliner Museum für Naturkunde hätte es dieses Buch nicht gegeben. Ich danke Prof. Dr. Johannes Vogel, Dr. Daniela Schwarz und Dr. Oliver Hampe für ihre Unterstützung.

Weiterführende Literatur

(Aufgeführt werden nur Bücher. Ausführliche, nach Kapiteln geordnete Literaturangaben können unter www.bernhardkegel.de eingesehen werden.)

Bakker, R. T. (1986): *The Dinosaur Heresies. New Theories Unlocking The Mystery of the Dinosaurs and Their Extinction.* New York City: Citadel Press.

Bradbury, R. (1985): *Sauriergeschichten.* Bergisch-Gladbach: Bastei Lübbe.

Brett-Surman et al. (2014): *The Complete Dinosaur.* 2nd ed., Bloomington: Indiana University Press.

Cadbury, D. (2001): *Dinosaurierjäger.* Reinbek: Rowohlt.

Conway, J.; Kosemen, C. M. & Naish, D. (2012): *All Yesterdays. Unique and Speculative Views of Dinosaurs and Other Prehistoric Animals.* Irregular Books.

Davidson, J. (2008): *A History of Paleontology Illustration.* Bloomington: Indiana University Press.

Debus, A. A. (2009): *Prehistoric Monsters. The Real and Imagined Creatures of the Past That We Love to Fear.* Jefferson: McFarland & Company.

Dworsky, A. (2011): *Dinosaurier! Die Kulturgeschichte.* München: Wilhelm Fink.

Fiffer, S. (2001): *Tyrannosaurus Sue.* New York: W. H. Freeman.

Hallett, M., & Wedel, M. J. (2016): *The Sauropod Dinosaurs. Life in the Age of Giants.* Baltimore: Johns Hopkins University Press.

Jaffe, M. (2000): *The Gilded Dinosaur. The Fossil War Between E. D. Cope and O. C. Marsh and the Rise of American Science.* New York: Three Rivers Press.

Lockley, M. (1991): *Tracking Dinosaurs. A New Look at an Ancient World.* Cambridge: Cambridge University Press.

Martyniuk, M. P. (2012): *A Field Guide to Mesozoic Birds and Other Winged Dinosaurs.* Vernon, New Jersey: Pan Aves.

Mitchell, W. J. T. (1998): *The Last Dinosaur Book.* Chicago and London: The University of Chicago Press.

Naish, D. (2010): *Die faszinierende Entdeckung der Dinosaurier.* Stuttgart: Theiss.

Naish, D. & Barrett, P. (2016): *Dinosaurs. How They Lived and Evolved.* London: Natural History Museum.

Norell, M. (2005): *Unearthing the Dragon. The Great Feathered Dinosaur Discovery.* New York: Pi Press.

O'Connor, R. (2007): *The Earth on Show. Fossils and the Poetics of Popular Science, 1802–1856.* Chicago: The University of Chicago Press.

Paul, G. S. (2016): *The Princeton Field Guide to Dinosaurs. 2nd Edition.* Princeton: Princeton University Press.

Pickrell, J. (2014): *Flying Dinosaurs. How Fearsome Reptiles Became Birds.* Sydney: NewSouth.

Poinar, G., Jr. (2008): *What Bugged the Dinosaurs? Insects, Disease, and Death in the Cretaceous.* Princeton: Princeton University Press.

Sanz, J. L. (2002): *Starring T. Rex! Dinosaur Mythology and Popular Culture.* Bloomington: Indiana University Press.

Ward, P. & Kirschvink, J. (2016): *Eine neue Geschichte des Lebens. Wie Katastrophen den Lauf der Evolution bestimmt haben.* München: DVA.

Xu, X. et al. (2014): *An integrative approach to understanding bird origins.* Science, 346.

Index

Bildnachweis

Vorsätze:
© Courtesy Luis Rey

S. 23 © Edward Hitchcock: Ichnology of New England, 1858

S. 32 © ›Megalosaurus teeth and lower jaw. Lithograph, ca. 1822‹
by C. W. Parker. Credit: Wellcome Collection

S. 34 © ›Scholars attending a lecture in the Ashmolean Museum, Oxford.
Coloured lithograph printed by C. Hullmandel after N. Whittock‹
by Nathaniel Whittock. Credit: Wellcome Collection

S. 39 © ›Portrait of William Buckland‹ by S. Cousins.
Credit: Wellcome Collection.

S. 40 © ›Gideon Algernon Mantell. Mezzotint by W. T. Davey after Sentier
after Mayall‹. Credit: Wellcome Collection

S. 47 © Wikimedia Commons

S. 54 © Ryan McKellar

S. 59 © Ryan McKellar

S. 65 © Andreas Greiner, Foto: Theo Bitzer

S. 67 © Bernhard Kegel

S. 74 © Getty Images, Mark Dion

S. 77 © Philip Henry Delamotte, https://commons.wikimedia.org/wiki/
File:Sydenham_studio.jpg?uselang=de

S. 81 © Ian Wright, https://commons.wikimedia.org/wiki/
File:Mantellodon_in_Crystal_Palace_Park.jpg

S. 83 © Science History Images / Alamy Stock Photo

S. 86 © Oxford University Museum of Natural History

S. 89 © Henry de la Bèche, Wikimedia Commons

S. 92 © Wikimedia Commons

S. 95 © Wikimedia Commons

S. 97 © ›An ideal scene in the lower cretaceous period where an iguanodon
bites a megalosaurus. Wood engraving by E. Ferington after R. Lou‹ by
R. Lou. Credit: Wellcome Collection

S.100 © User: Kieff, verändert von Nutzer TomCatX https://commons.
    wikimedia.org/wiki/File:Pangaea_continents_german.png
    Grafische Bearbeitung: Oliver Pflug
S.114 © Foto: John Manger; http://www.scienceimage.csiro.au/
    image/10999/cassowary/
S.116 © Lockley, 1991: ›Tracking Dinosaurs‹. Cambridge University Press
S.119 © José María Farfaglia
S.126/127 © Bernhard Kegel, Grafik: Oliver Pflug
S.143 © Wikimedia Commons
S.144 © Courtesy of the Yale Peabody Museum of Natural History
S.146 © Sinclair Oil Corporation
S.147 © Sinclair Oil Corporation
S.150 © Wikimedia Commons, Manfred Brückels
S.153 © AMNH negative no. 335199, ID210, American Museum of
    Natural History, Library
S.155 © Charles R. Knight
S.159 © C. M. Kosemen
S.172 © Didier Descouens, https://en.wikipedia.org/wiki/
    File:Deinonychus_patte_arri%C3%A8re_gauche.jpg
S.175 © Courtesy of the Yale Peabody Museum of Natural History
S.180 © Mario Modesto, https://en.wikipedia.org/wiki/File:MUJA-
    Tyrannosaurus.JPG
S.183 © Wikimedia Commons
S.187 © Wikimedia Commons, Harry Nguyen, https://www.flickr.com/
    photos/harrynguyen/2673267466/
S.191 © North Carolina State University
S.198 © Julius T. Csotonyi
S.205 © Classic Image / Alamy Stock Photo
S.208 © Bernhard Kegel
S.214 © Bernhard Kegel
S.218 © 2008 Canadian Science Publishing or its licensors. Reproduced
    with permission. Illustrated by Donna Sloan
S.231 © Julius T. Csotonyi 2017 / Xu, Currie, Pittman et al. 2017
S.238 © ›Plumage Color Patterns of an Extinct Dinosaur‹
    by Quanguo Li et al. Science 12 Mar 2010: 1369–1372. Reprinted
    with permission from AAAS
S.244 © Mick Ellison

—

»Bernhard Kegel hat ein kluges Buch
über Tiere in unseren Städten geschrieben.
Ein Buch für alle Stadtbewohner, die
Lust haben, die Augen aufzumachen.«

480 Seiten / Auch als eBook

Unübersehbar drängt die Wildnis in die Stadt,
ehemals scheue Tierarten werden Teil der Stadtnatur.
Bernhard Kegel nimmt uns mit auf Forschungsreise
vor unsere Haustür.

www.dumont-buchverlag.de   **DUMONT**